精细化学品生产技术专业（群）重点建设教材

国家骨干高职院项目建设成果

浙江省精细化学品生产技术优势专业项目建设成果

典型精细化学品优化与放大技术

主　编　张永昭

副主编　王　聪　刘松晖

ZHEJIANG UNIVERSITY PRESS

浙江大学出版社

图书在版编目(CIP)数据

典型精细化学品优化与放大技术 / 张永昭主编. —
杭州:浙江大学出版社,2015.3(2022.3 重印)
ISBN 978-7-308-14268-7

Ⅰ.①典… Ⅱ.①张… Ⅲ.①精细化工—化工产品—
生产技术 Ⅳ.①TQ062

中国版本图书馆 CIP 数据核字(2014)第 303525 号

典型精细化学品优化与放大技术

张永昭　主编

责任编辑	石国华	
封面设计	刘依群	
出版发行	浙江大学出版社	
	(杭州市天目山路 148 号　邮政编码 310007)	
	(网址:http://www.zjupress.com)	
排　　版	杭州星云光电图文制作有限公司	
印　　刷	广东虎彩云印刷有限公司绍兴分公司	
开　　本	710mm×1000mm　1/16	
印　　张	9.5	
字　　数	197 千	
版 印 次	2015 年 3 月第 1 版　2022 年 3 月第 3 次印刷	
书　　号	ISBN 978-7-308-14268-7	
定　　价	25.00 元	

浙江大学出版社市场运营中心联系方式:0571-88925591;http://zjdxcbs.tmall.com

内容提要

本书根据精细化学品生产技术专业的课程标准编写。全书选取了若干个典型的精细化学品作为载体。全书包括柠檬酸三丁酯的合成工艺条件优化、乳胶漆复配工艺优化、皮革手感剂复配工艺优化、反应器的设计与优化、反应器操作及有机合成工艺放大技术六部分,体现理论与实践的有机结合,强化学生实践能力的培养。本书可作为化工技术类相关专业(无机化工、有机化工、精细化工、高分子化工、石油加工、生物化工、制药化工、环保工程等)的高等职业教育教材。

丛书编委会

总　序

　　2008年，杭州职业技术学院提出了"重构课堂、联通岗位、双师共育、校企联动"的教改思路，拉开了教学改革的序幕。2010年，学校成功申报为国家骨干高职院校建设单位，倡导课堂教学形态改革与创新，大力推行项目导向、任务驱动、教学做合一的教学模式改革与相应课程建设，与行业企业合作共同开发紧密结合生产实际的优质核心课程和校本教材、活页教材，取得了一定成效。精细化学品生产技术专业（群）是骨干校重点建设专业之一，也是浙江省优势专业建设项目之一。在近几年实施课程建设与教学改革的基础上，组织骨干教师和行业企业技术人员共同编写了与专业课程配套的校本教材，几经试用与修改，现正式编印出版，是学校国家骨干校建设项目和浙江省优势专业建设项目的教研成果之一。

　　教材是学生学习的主要工具，也是教师教学的主要载体。好的教材能够提纲挈领，举一反三，授人以渔。而工学结合的项目化教材则要求更高，不仅要有广深的理论，更要有鲜活的案例、科学的课题设计以及可行的教学方法与手段。编者们在编写的过程中以自身教学实践为基础，吸取了相关教材的经验并结合时代特征而有所创新，使教材内容与经济社会发展需求的动态相一致。

　　本套教材在内容取舍上摈弃求全、求系统的传统，在结构序化上，首先明确学习目标，随之是任务描述、任务实施步骤，再是结合任务需要进行知识拓展，体现了知识、技能、素质有机融合的设计思路。

　　本套教材涉及精细化学品生产技术、生物制药技术、环境监测与治理技术3个专业共9门课程，由浙江大学出版社出版发行。在此，对参与本套教材的编审人员及提供帮助的企业表示衷心的感谢。

　　限于专业类型、课程性质、教学条件以及编者的经验与能力，难免存在不妥之处，敬请专家、同仁提出宝贵意见。

谢萍华

2014年12月

前　言

　　随着教育部 2006 年 11 月《关于全面提高高等职业教育教学质量的若干意见》文件的颁布，一场高职教育教学改革在全国全面而深入地展开，以能力本位、素质教育、工学结合人才培养模式的创新为背景，以国家示范性高等职业院校为骨干的院校正在将学科课程体系改革为以工作过程系统化的开发方法重构课程体系正如火如荼地进行；一些高职院校正在进行以"突出能力目标、职业活动导向、学生主体、项目载体、任务驱动、素质基础、融教学做一体化"为特点的项目化课程教学改革试点，正改变着"以学科为导向、知识为目标、教师为主体、应试为基础、逻辑为载体、理论和实践分离"的传统课堂教学模式。

　　针对精细化工专业高等职业教育培养技术应用性人才的教育特点，本书力求避免繁琐的数学描述，着重基本概念、基本理论和技术应用的阐述，强调工程观念，突出研究方法，提高学生分析和解决问题的能力。除了对学生进行初步工艺计算能力训练之外，更增加了各种常见反应器的日常运行和操作内容，强化实践技能培养，使学生走上岗位后能更快地适应实际操作和技术应用工作。本书在各章节中还设置了查阅资料等环节，开拓知识面的研究性练习，使学生思路开阔，学以致用。

　　本教材由杭州职业技术学院张永昭主编。项目一、项目二、由张永昭编写；项目四由俞铁铭编写；项目三由吕路平编写；项目五刘松晖编写；项目六由王聪编写。编写过程中得到了浙江大学出版社及各编者所在单位的大力支持，再次表示衷心感谢。

　　本书在编写体例、内容编排等方面做了新的尝试。由于编者学术水平、实践经验欠缺，特别是项目化课程教学改革的经验缺乏，加之时间仓促，教材中难免存在不妥之处，恳请广大教师和读者提出批评和建议。

编　者

2014 年 8 月

目　录

项目一 柠檬酸三丁酯的合成工艺优化技术

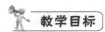

教学目标

专业能力目标

通过本部分内容的学习和工作任务的训练,能利用图书馆、数据库等资源进行文献、资料查阅,完成柠檬酸三丁酯合成工艺条件的优化方案设计并将方案付诸实施,能正确收集和处理实验数据。

知识目标

(1)了解柠檬酸三丁酯的产品特点及其在精细化工中的应用;

(2)了解增塑剂精细化工产品的发展趋势;

(3)掌握柠檬酸三丁酯的合成方法、合成原理;

(4)掌握柠檬酸三丁酯合成工艺优化方案的设计方法;

(5)掌握柠檬酸三丁酯的分析方法及评价方法;

(6)了解反应时间、催化体系、醇酸比等因素对反应的影响;

(7)掌握柠檬酸三丁酯实验数据的处理方法。

方法能力目标

(1)具有信息检索能力;

(2)具有信息加工和数据处理能力;

(3)具有自我学习和自我提高能力;

(4)具有发现问题、分析问题和解决问题的能力;

(5)具有一定的实验优化设计能力。

社会能力目标

(1)具有团队精神和与人合作能力;

(2)具有与人交流沟通能力;

(3)具有较强的表达能力。

工作任务

在查阅文献的基础上,完成柠檬酸三丁酯合成工艺条件的优化方案设计并将方案付诸实施。

任务一　柠檬酸三丁酯的合成

工作任务

在查阅文献的基础上,了解柠檬酸三丁酯和相关原料的特点、性质及用途,掌握合成柠檬酸三丁酯的反应原理等。

任务分析

通过任务实施,完成如下几个工作内容,为后续任务的实施奠定基础:

(1)通过资料查阅,了解柠檬酸三丁酯及相关原料的特点、物理化学性质等。

(2)通过资料查阅,了解增塑剂精细化学品的应用及发展趋势,理解柠檬酸三丁酯作为绿色增塑剂的优势。

(3)通过资料查阅,与其他同学交流,掌握合成柠檬酸三丁酯的合成工艺及反应原理等,并完成任务实施部分中的相关内容。

技术理论

柠檬酸酯系列增塑剂是一种绿色环保的新型增塑剂,成为传统增塑剂邻苯二甲酸二辛酯(DOP)的绿色替代品,受到了广泛关注。它无毒、耐光、耐热、稳定性好、经久耐用,是一种无毒无味、绿色环保的塑料增塑剂,可用于食品包装、医疗器具、儿童玩具以及个人卫生品等方面。主要品种有柠檬酸三乙酯、柠檬酸三丁酯(TBC)和乙酰柠檬酸三丁酯(ATBC)等。TBC 和 ATBC 对各类纤维素都有极好的相容性,与乙烯基树脂及某些天然树脂有很好的溶解能力,可作为乙酸乙烯酯及其他各种纤维素的溶剂型增塑剂。另外,由于对油类的溶解度很低,可以在耐油酯的配方中使用。柠檬酸类增塑剂作为一种新型的无毒绿色增塑剂,一经工业化就受到了塑料产业的欢迎,很多国家已将其列入可用于食品包装的增塑剂,加上人们现在对无毒增塑剂的重视,所以未来对这类增塑剂的需求将会有增无减。

一、柠檬酸三丁酯的性能及用途

柠檬酸三丁酯(TBC)因具有相容性好、增塑效率高、无毒、不易挥发、耐候性强、耐迁移等特点而广受关注,成为首选替代邻苯二甲酸酯类的绿色环保产品。它在寒冷地区使用仍保有好的挠曲性,又耐光、耐水、耐热、熔封时热稳定性好而不变色,安全经久耐用,适用于食品、医药物品包装、血浆袋及一次性注射输液管等。TBC 对 PVC、PP、纤维素树脂都可增塑,其相容性好;TBC 与其他无毒增塑剂共用可提高制品硬度,尤其对软的纤维醚更为适用;TBC 具无毒及抗菌作用,不滋生细菌,还具有阻燃性,所以它在乙烯基树脂中用量甚大;而薄膜、饮料管、食品瓶密封圈、医疗机械、医院内围墙、家庭、饭店宾馆及公共场所等壁板、天花板等更需要此种灭菌阻燃增塑剂;交通工具含国防航空器、战船、战车的车厢内塑料制品也须用此增塑剂;柠檬酸三丁酯作为硝化纤维溶剂,可改善硝化纤维的抗紫外线能力,也是多种香料的优良溶剂。柠檬酸三正丁酯与聚乳酸及其酯类具有生物学相容性,生态学安全、无毒,酯为可降解的热塑性塑料。它具良好的机械性、光透明性、加工性能好。医学上为矫形外科植入手术缝合线、骨钉、药物包装及药品释放剂,如胰岛素聚乳酸双层缓释片、庆那霉素聚乳酸圆柱体、促生长激素释放激素的块状植入剂、激素炔诺酮的空心聚乳酸纤维剂等。TBC 在玩具塑料中用量也非常大;具改善硝化纤维抗紫外能力,是多种香料的溶剂;可增强洗涤剂的去污能力;作化妆品的添加剂、乳化剂,对受伤皮肤可起治疗及营养作用,又可阻止紫外线对皮肤角质层的水分挥发,保护皮肤具滋润性及生理弹性;作润滑油及极压抗摩剂、聚氧乙烯树脂的平滑剂;烟丝中加 TBC 后可使香烟燃烧时生成的 HCN 毒气被 TBC 吸收,从而减少对吸烟者的毒害,TBC 可使烟卷保持韧性而不被折断;作含蛋白质类液体的泡沫去除剂、鞋袜去臭剂、纸张加香助剂、橡胶工业加工防焦剂。其应用非常广阔,国外对其进行了广泛的性质研究。柠檬酸三正丁酯与酸酐在催化剂下合成乙酰柠檬酸三丁酯,其挥发性低于柠檬酸三正丁酯,使用性能更优越,是用途更广的无毒无味"绿色"塑料增塑剂。它可作聚偏氯乙烯稳定剂、薄膜与金属粘合的改良剂,长时间浸泡于水中仍具有极高的粘合力。

二、柠檬酸三丁酯的合成原料

(一)柠檬酸

1.分子式

2. 柠檬酸的物理性质

CAS 编号.:77－92－9

分子式:$C_6H_8O_7$

分子量:192.14

外观与性状:白色结晶粉末,无臭

熔点:153℃

沸点:(175℃分解)

相对密度(水＝1):1.6650

闪点:100℃

引燃温度:1010℃(粉末)

爆炸上限(V/V):8.0%(65℃)

溶解性:溶于水、乙醇、丙酮,不溶于乙醚、苯,微溶于氯仿;水溶液显酸性

3. 柠檬酸的化学性质

从结构上讲柠檬酸是一种三羧酸类化合物,并因此而与其他羧酸有相似的物理和化学性质。加热至175℃时它会分解产生二氧化碳和水,剩余一些白色晶体。柠檬酸是一种较强的有机酸,有 3 个 H^+ 可以电离;加热可以分解成多种产物,与酸、碱、甘油等发生反应。

(二)正丁醇

1. 分子式

2. 正丁醇物理性质

分子式:$C_4H_{10}O$;$CH_3(CH_2)_3OH$

分子量:74.12

熔点:－88.9℃

CAS 编号:71－36－3

沸点:117.25℃

相对密度:0.8098

溶解性:微溶于水,溶于乙醇、醚等多数有机溶剂

稳定性:稳定

外观与性状:无色透明液体,具有特殊气味

3. 正丁醇的化学性质

主要用于制造邻苯二甲酸、脂肪族二元酸及磷酸的正丁酯类增塑剂,它们广泛用于各种塑料和橡胶制品中,也是有机合成中制丁醛、丁酸、丁胺和乳酸丁酯等的

原料;还是油脂、药物(如抗生素、激素和维生素)和香料的萃取剂,醇酸树脂涂料的添加剂等,又可用作有机染料和印刷油墨的溶剂、脱蜡剂。

三、柠檬酸三丁酯的合成原理

(一)主反应

$$
\begin{array}{c}
\text{H}_2\text{C}\text{——COOH} \\
| \\
\text{HO——C——COOH} + 3\text{CH}_3\text{CH}_2\text{CH}_2\text{CH}_2\text{OH} \longrightarrow \\
| \\
\text{H}_2\text{C}\text{——COOH}
\end{array}
\quad
\begin{array}{c}
\text{H}_2\text{C}\text{——CO(OH}_2)_3\text{CH}_3 \\
| \\
\text{HO——C——CO(OH}_2)_3\text{CH}_3 + 3\text{H}_2\text{O} \\
| \\
\text{H}_2\text{C}\text{——CO(OH}_2)_3\text{CH}_3
\end{array}
$$

(二)副反应

$$
\begin{array}{c}
\text{H}_2\text{C}\text{——COOH} \\
| \\
\text{HO——C——COOH} + 2\text{CH}_3\text{CH}_2\text{CH}_2\text{CH}_2\text{OH} \longrightarrow \\
| \\
\text{H}_2\text{C}\text{——COOH}
\end{array}
\quad
\begin{array}{c}
\text{H}_2\text{C}\text{——COOH} \\
| \\
\text{HO——C——COO(CH}_2)_3\text{CH}_3 + 2\text{H}_2\text{O} \\
| \\
\text{H}_2\text{C}\text{——COO(CH}_2)_3\text{CH}_3
\end{array}
$$

$$
\begin{array}{c}
\text{H}_2\text{C}\text{——COOH} \\
| \\
\text{HO——C——COOH} + \text{CH}_3\text{CH}_2\text{CH}_2\text{CH}_2\text{OH} \longrightarrow \\
| \\
\text{H}_2\text{C}\text{——COOH}
\end{array}
\quad
\begin{array}{c}
\text{H}_2\text{C}\text{——COOH} \\
| \\
\text{HO——C——COOH} \\
| \\
\text{H}_2\text{C}\text{——COO(CH}_2)_3\text{CH}_3
\end{array}
$$

四、柠檬酸三丁酯的合成方法

柠檬酸酯类产品是符合环保要求的无毒增塑剂,目前市场上最常见的是 TBC 和 ATBC,TBC 作为一种新型的增塑剂,在国外的研究已有多年历史,国外对其性质有着广泛的研究并早已进行了工业化生产,在许多领域已被广泛应用。我国对增塑剂的研究和生产较国外起步晚、品种少,对乙酰柠檬酸三丁酯的生产研究也处于起步阶段,目前尚无大工业化的报道。ATBC 等柠檬酸酯产品在国外已是大众化化工产品,而在国内市场还是非常有限。我国在 20 世纪 90 年代初期开始研究开发柠檬酸酯,主要研究单位是南京金陵石化研究院。2002 年该院的千吨级生产装置成功生产出产品,投入批量生产;2005 年底,江苏雷蒙化工科技有限公司经过 10 年时间的攻关,实现了工业化生产。近年来,关于 TBC、ATBC 的合成方法有许多报道,其重点是筛选用于合成 TBC 酯化反应的高效催化剂的研究。ATBC 通常采用浓硫酸作催化剂,由 TBC 与醋酸或醋酸酐反应而得。除此之外,还可采用固体杂多酸、无水乙醇钠、吡啶等作催化剂。目前主要研究集中在寻找新的固体催化剂和开发新的催化工艺,清洁生产工艺已成了国内大公司企业研究的技术热点,其中寻找的突破重点是酯化催化剂。

(一)浓硫酸催化合成柠檬酸酯

TBC 传统的生产工艺是以浓硫酸为催化剂,具有催化活性高、价格低廉、反应温度低等优点,但是存在副反应多、产品色泽深、后处理工艺复杂、设备腐蚀严重以及废酸污染环境等弊端。郑根武[3]等以浓硫酸作催化剂,柠檬酸与正丁醇酯化反应,其最佳工艺条件为:反应温度 125~130℃,过量醇含量 20%,催化剂加入量 0.3%。

(二)有机酸催化合成柠檬酸酯

对甲苯磺酸是一种最为常见的固体有机酸,由于其酸性较强,不易引起副反应、用量少、对设备腐蚀性小,而且易于保存、运输和使用,是浓硫酸及其他无机酸催化剂的理想替代品。国内有很多报道已经将对甲苯磺酸应用于柠檬酸酯类增塑剂的催化合成上。采用氨基磺酸作催化剂,在适宜的条件下,可相对提高产率,且氨基磺酸易得、性质稳定安全、使用方便、可重复使用多次、无需再生,具有工业应用价值。

(三)固体超强酸催化合成柠檬酸酯

固体超强酸是指酸性比 100%硫酸更强的固体酸,其酸的酸性可达 100%硫酸的 1 万倍以上,其主要特点如下:①催化效率高,用量少;②热稳定性好,可重复使用多次;③对设备无腐蚀,不污染环境,回收利用方便。

(四)路易斯酸催化合成柠檬酸酯

路易斯酸在合成 TBC 反应中具有反应温度低、酯化率较高、反应时间短、易回收可重复多次使用、价廉等特点。常用的路易斯酸催化剂有三氯化钛、活性炭负载的 $SnCl_4$ 等。

任务实施

1. 问题思考

(1)柠檬酸三丁酯成为研究热点的缘由是什么?

(2)柠檬酸三丁酯的合成实验装置各个部件的作用是什么?

2. 主导任务

根据基础知识的储备,完成下边的表格:

正丁醇部分			
分子式		主官能团	
资料查阅（正丁醇主要工业来源）			

其他关于正丁醇的有机合成反应

柠檬酸部分			
分子式		主官能团	
资料查阅（柠檬酸主要工业来源）			

其他关于柠檬酸的有机合成反应

柠檬酸三丁酯部分			
分子式		主官能团	
柠檬酸三丁酯的反应机理分析			

任务二　柠檬酸三丁酯合成工艺优化方案设计

 工作任务

在查阅文献的基础上，完成柠檬酸三丁酯合成工艺条件的优化方案设计。

任务分析

通过任务实施,完成如下几个工作内容:

(1)通过资料查阅,确定合成柠檬酸三丁酯的主要影响因素。

(2)在团队成员讨论和阅读文献的基础上,确定影响因素的水平。

(3)通过团队成员讨论,利用试验设计方法制订柠檬酸三丁酯合成工艺的优化方案。

技术理论

试验设计方法始于 20 世纪 20 年代,至今已有 90 多年的历史。任何一门工程学科的发展过程中都需要进行大量的实验工作,实验对工程学科的发展起到了巨大的推动作用。通过实验可以为工程实际提供设计与运行参数。将实验得到的数据进行合理的处理与分析,可以总结出事物发展的必然规律,并确定规律中的一些参数值。通过实验还可以找到影响实验结果的因素及各因素的相互关系,便在实践的过程中把握主要因素。

试验设计就是利用数学原理科学地安排实验的过程,其目的在于:

(1)使实验得到的结论可靠、合理;

(2)能够使实验进行所需的人力、物力、财力最小;

(3)能够快速、准确地找到实验结果。

在试验设计与数据处理过程中,涉及下列基本概念:

因素:对实验结果有影响的条件称为因素。因素根据能否人为控制可分为可控因素与不可控因素。例如:在现有的自来水处理行业中,水的温度是一个不可控因素。因素还可分为定性因素与定量因素,如考虑几种不同的含磷肥料在不同的施加量下对某种农作物产量的影响,可选取的因素有含磷肥料的种类、肥料的施加量,在此,含磷肥料的种类是一个定性因素,其所处的状态只可以定性描述;而肥料的施加量是一个定量因素,其所处的状态可以定量描述。

因素的水平:因素所处的状态称为因素的水平,如在上例中,考虑 A、B、C 三种不同的含磷肥料在 10kg/亩、20kg/亩、30kg/亩施加量下对农作物产量的影响,定性因素含磷肥料有三个不同的水平,第一个水平为 A 种含磷肥料,第二个水平为 B 种含磷肥料,第三个水平为 C 种含磷肥料,定量因素也有三个不同的水平,第一个水平为 10kg/亩,第二个水平为 20kg/亩,第三个水平为 30kg/亩。

试验指标:判断实验结果好坏的标准称为试验指标。如在上例中,农作物的产量是一个试验指标;又如在空调试验中考虑不同的温度对人体舒适程度的影响,舒适程度是一个试验指标;在大气污染控制中,排放气体中某种污染物的含量是个实验指标。根据实验指标的数量又可将实验分为单指标实验与多指标实验。如果在大气污染控制实验中,控制的污染物种类有三个,则这三种污染物的含量都是控制指标,该实验为一个三指标实验。

一、多因素逐项试验设计

在实际工作与生活中,人们经常面临的是繁杂的事物,影响事物变化的条件也会错综复杂。多因素试验设计就是针对多个因素的试验体系提出来的。根据每次变化的试验因素数量,多因素试验设计进一步分为多因素逐项试验设计与多因素组合试验设计两种。多因素组合试验设计方法较多,如析因试验设计、正交试验设计等。多因素逐项试验设计具体表述为:在多因素试验中,先将多因素的其他因素设定于特定水平上,然后就某一因素进行不同水平的条件试验,并找出该因素的最优水平;这样,再依次找出其他每个因素的最优水平。各因素最优水平组合在一起就是最优试验条件。多因素逐项试验设计一般采用直观分析来获取最佳试验条件。多因素逐项试验设计的特点是:

(1)试验工作量小、方法简便。如三因素三水平的试验设计,实际试验只需7～9次即可完成,试验次数少。试验因素与水平较多,这种优势越明显。试验方法简便,可直接分析判断试验条件优劣及下一步的试验方向。

(2)试验可靠性差。由于起始试验条件的随意性,往往出现起始试验条件不同,最终试验结果也不同的情况。这种最优条件的不确定性使得这种设计方法的可靠性降低。

(3)无法获取试验交互作用,即无法揭示出因素之间的交互作用。采用直观分析的数据分析方法也无法去评价交互作用的影响。该试验设计适宜于预先试验,用于确定大体试验范围与条件;或在没有交互作用的情况下用于条件优化试验设计。这个方法在工程和科学试验中常被人们所采用,但应注意了解其特点并正确地加以利用。

二、多因素逐项试验设计过程

某试验的目的是寻找好的工艺使化学反应后的得率最高。影响因素有温度 A:$T(℃)$、时间 B:$t(min)$、催化剂用量 C:$c(\%)$。每个因素选取三个水平值(见表1-1),用多因素逐项试验设计寻找最佳工艺条件。

表 1-1　三因素三水平的多因素试验设计

因素	A:$T(℃)$	B:$t(min)$	C:$c(\%)$
水平 1	800	90	5
水平 2	850	120	6
水平 3	900	150	7

这是一个三因素三水平的多因素试验。根据多次单因素法的步骤,分步进行

条件寻优。

(一)第一个因素寻优

固定条件:时间 t 和加碱量 c(固定起始条件应根据经验或文献查阅选可能的最佳值),如选取 $t=90\text{min}$,$c=5\%$。

变化条件:温度,$T=800℃$、$850℃$、$900℃$。

试验结果:得率,$\gamma=33\%$、70%、64%。

结果直观分析:最高得率70%的温度为850℃,故最佳温度是850℃。

(二)第二个因素寻优

固定条件:温度和加碱量,温度应选取得到的最佳值($T=800℃$),加碱量保持起始条件不变,即 $c=5\%$。

变化条件:时间 $t=90$、120、150min。

试验结果:得率,$\gamma=70\%$、73%、54%。

结果直观分析:最高得率73%的时间为120min,故最佳时间是120min。

(三)第三个因素寻优

固定条件:时间和温度,应选取得到的最佳值:$t=120\text{min}$,$T=850℃$。

变化条件:加碱量 $c=5\%$、6%、7%。

试验结果:得率,$\gamma=73\%$、75%、68%。

结果直观分析:最高得率75%的加碱量为6%,故最佳加碱量是6%。

经过上述的三批试验,得到的最佳试验条件为:$T=850℃$,$t=120\text{min}$,$c=6\%$。至此,该题目已经有了一个结论了。但这个结论是基于以下两点:

(1)首先从温度开始寻优,并且选取了可能最佳的固定起始条件 $t=90\text{min}$,$c=5\%$。但现在的问题是:如果选取其他条件作为固定起始条件,可能得到与此不同的最佳试验条件。而且最终得到的时间与加碱量最佳值并不是起始的设定值。

(2)如果上述三个因素之间有交互作用,该试验设计与数据分析方法不仅难以反映出来,而且也会影响最佳条件的试验过程与结果。因此,多因素逐项试验设计虽然简单明了,且在实际当中广泛应用,但要特别注意其结论的可靠性与应用条件。

三、合成柠檬酸三丁酯的主要影响因素

在以柠檬酸和正丁醇为原料合成柠檬酸三丁酯的过程中,很多因素都对反应的结果有影响。

(一)催化剂用量的影响

固定酸醇比 1:4,搅拌速度 400rpm,反应温度不超过 140℃,加入不同量的催化剂反应 4h,结果见表 1-2。

表 1-2 催化剂用量对反应的影响

催化剂用量(g)	柠檬酸三丁酯收率(%)
1	48.23
2.5	82.54
4	90.73
5	87.12
6	62.48

(二)醇酸比的影响

固定催化剂用量 4g,搅拌速度 400rpm,反应温度不超过 140℃,在不同的醇酸比下反应 4h,结果见表 1-3。

表 1-3 醇酸比对反应的影响

醇酸比	柠檬酸三丁酯收率(%)
3	75.69
3.5	92.24
4	90.73
4.5	83.19

(三)搅拌速度的影响

固定酸醇比为 1:4,催化剂用量 4g,反应温度不超过 140℃,在不同的搅拌速度下实验 4h,结果见表 1-4。

表 1-4 搅拌速度对反应的影响

搅拌速度(rpm)	柠檬酸三丁酯收率(%)
200	51.95
300	56.33
400	61.40

(四)反应温度的影响

固定反应酸醇比为 1:4,催化剂用量 4g,搅拌速度 400rpm,控制温度 140℃,反应不同时间,得到结果如表 1-5。

表 1-5 反应时间对反应的影响

反应时间(h)	柠檬酸三丁酯收率(%)
3	39.27
4	92.38
5	87.60
6	84.32

(五)反应时间的影响

固定反应酸醇比为 1∶4,催化剂用量 4g,搅拌速度 400rpm,在不同的控制温度下反应 4h,结果如表 1-6。

表 1-6 反应温度对反应的影响

温度(℃)	柠檬酸三丁酯收率(%)
120	66.80
130	68.68
140	90.73
150	46.32

四、合成柠檬酸三丁酯的装置及方法

(一)合成装置

以柠檬酸和正丁醇为原料合成装置主要由间歇反应器、搅拌器(无级变速)、冷凝器、分水器、控温装置等组成,如图 1-1 所示。

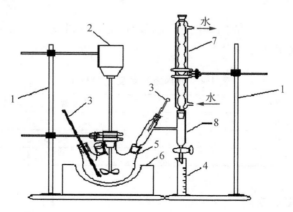

1.铁架台;2.搅拌器;3.温度计;4.量筒;5.四口烧瓶;6.加热套;7.冷凝器;8.分水器

图 1-1 柠檬酸三丁酯合成装置

(二)合成方法

在装有温度计、搅拌器、分水器(分水器上端接回流冷凝管)的 250mL 四口烧瓶中加入一定量的柠檬酸、催化剂和正丁醇,并在分水器中预先加水至略低于支管口,然后开始搅拌加热。反应开始 10～20min 后,开始有冷凝液滴入分水器中,分水器中出现分层,下层为水,上层为含少量水的正丁醇。随着反应的进行,分水器中的水层不断上升,将下层的水分出,使水层界面保持在原来的高度,而上层的正丁醇流回到反应瓶中参加反应。反应一定时间后,停止加热。

当反应物冷却至室温后,通过过滤网将反应物倾入分液漏斗中,催化剂留做重复实验。然后用等体积的 4‰ 的 Na_2CO_3 溶液洗涤两次,再用去离子水洗至水层呈中性。将得到的粗产品在减压条件下蒸馏,除去水和正丁醇。

将得到的产物进行定量和定性的分析。

 任务实施

1.问题思考

(1)合成柠檬酸三丁酯的时候应该采用什么试验设计方法?

(2)合成柠檬酸三丁酯的主要影响因素有哪些?

(3)合成柠檬酸三丁酯的装置主要有哪些组件?

2.主导任务

根据基础知识的储备,完成合成柠檬酸三丁酯的试验设计。

(1)文献阅读

论文名称			
作者		全文语种	
期刊名称			
年,卷(期号),页码			

摘要:

文献所用制备产品的原料及催化剂	
影响反应主要因素及其范围	

(2)确定影响反应的因素与水平

因素 水平	因素一	因素二	因素三	因素四	因素五	因素六

(3)试验方案确定

实验序号	因素一	因素二	因素三	因素四	因素五
1					
2					
3					
4					
5					
6					
7					

任务三　合成柠檬酸三丁酯体系分析方法

工作任务

在文献阅读的基础上,确定柠檬酸三丁酯的含量测定方法,明确检测流程。

任务分析

通过任务实施,完成如下几个工作内容:

(1)在资料查阅的基础上,确定合成柠檬酸三丁酯体系的分析方法。

(2)在分析各种分析方法的基础上,明确每种分析方法的优缺点。

(3)最终建立适合于本体系的分析方法,并确定详细分析步骤。

技术理论

一、高效液相色谱法

相对于气相色谱,我们把流动相为液体的色谱过程称为液相色谱。液相色谱大约是在 1903 年出现的,但它却是在气相色谱比较成熟之后才兴盛起来的。20世纪 60 年代初由于气相色谱的局限性,人们把注意力转到液相色谱的研究,在生产和科学研究的迫切要求的推动下,从 60 年代中末期液相色谱得到了缓慢而扎实的发展,目前,无论在从事工作的人数,发表著作的数量,还是在所分离的样品种类和复杂性以及分离速度和操作方便等方面都在持续地增长和发展。

二、高效液相色谱特点

高效液相色谱法是一种高效、快速的分离技术。它有以下几个突出的特点:高压、高速、高效、高灵敏度。由于高效液相色谱以液体作为流动相,当液体流经色谱柱时,受到的阻力较大,为了能迅速地通过色谱柱,必须对流动相施以高压。与经典的液体柱色谱法相比,高效液相色谱法所需的分析时间要少很多,一般都小于1h,有的甚至几分钟就可以完成。由于许多新型固定相的开发和使用,使得高效液相色谱法的分离效率大大提高,柱效可达3万塔板/m以上。现代高效液相色谱仪多采用高灵敏度的检测器,只需微升数量级的试样就可以进行全分析,检测器的最小检测量可达 10^{-9} g 或 10^{-11} g。总的来说,古典液相色谱和高效液相色谱相比有表 1-7 所列的一些不同之处。

表 1-7 古典液相色谱和高效液相色谱的比较

项目	古典液相色谱	高效液相色谱
1	常压或减压	高压,40～50MPa
2	填料颗粒大	填料颗粒小,2～50μm
3	柱效低	柱效高,40000～60000 块/m
4	分析速度慢	分析速度快
5	色谱柱只用一次	色谱柱可重复多次使用
6	不能在线检测	能在线检测

高效液相色谱与气相色谱相比,有许多优点,但是也有一定的弱点,两者的比较详见表 1-8。

表 1-8 气相色谱和高效液相色谱的比较

项目	气相色谱	高效液相色谱
1	只能分析挥发性的物质,适用于 20% 化合物	几乎可以分析各种物质
2	对热不稳定物质不能使用	可以用于热不稳定物质
3	用毛细管柱色谱可得到很高的柱效	色谱柱不能很长,柱效不会很高
4	有很灵敏的检测器,如 ECD 和较灵敏的通用检测器 FID 和 TCD	ELSD 为较高灵敏度的通用检测器
5	流动相为气体,无毒,易于处理	流动相有些有毒,费用较高
6	运行和操作容易	运行和操作难度大一些
7	仪器制造难度较小	仪器制造难度较大

三、高效液相色谱仪

高效液相色谱仪一般可以分为四个部分：高压输液系统、进样系统、分离系统和检测系统。此外，还可以根据一些特殊的要求，配备一些附属装置，如梯度洗脱、自动进样及数据处理装置等。如图 1-2 是高效液相色谱仪的结构示意图，其工作过程是：贮液罐中的流动相被高压输液泵打入系统，样品溶液经进样器进入流动相，被流动相载入色谱柱（固定相）内，由于样品溶液中的各组分在两相中具有不同的分配系数，在两相中做相对运动时，经过反复多次的吸附—解吸的分配过程，各组分在移动速度上产生较大的差别，被分离成单个组分依次从柱内流出，然后依先后顺序进入检测器，记录仪将进入检测器的信号记录下来，得到液相色谱图。

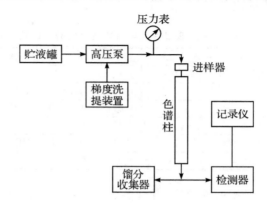

图 1-2　高效液相色谱仪的结构

高压输液泵为流动相的移动提供动力；色谱柱是高效液相色谱仪的核心，混合物能否被分离决定于色谱柱的优劣，而色谱柱的好坏又取决于固定相的分离能力；检测器是色谱仪的耳目，检测器的功能影响高效液相色谱仪的应用范围、灵敏度、定量精度等重要性能。所以，固定相的研究和检测器的研究和改进，一直是高效液相色谱仪研究的重要课题。此外，为了能分离极性范围宽的混合物，高效液相色谱仪要配备梯度洗脱装置；为了提高高效液相色谱仪的自动化程度，还要配以相应的电子器件和计算机进行控制与处理数据。

（一）高压输液系统

高压输液系统由贮液罐、高压输液泵、过滤器、压力脉动阻力器等组成，核心部分是高压输液泵。高效液相色谱仪的输液泵应具有以下功能：

(1) 有足够的输出压力，使流动相能够顺利通过颗粒很细的色谱柱，通常其压力范围为 $24.5 \times 10^6 \sim 39.2 \times 10^6$ Pa；

（2）输出流量恒定，其流量精度应在 1‰～2‰；

（3）输出流动相的流量范围可调，对分析型仪器一般为 3mL/min 以内，对制备型仪器一般为 10～20mL/min；

（4）压力平稳，脉动小。

（二）进样系统

常用的进样方式有三种：直接注射进样、停留进样和高压六通阀进样。直接注射进样的优点是操作简单，并可获得较高的柱效，但这种方法不能承受高压。停留进样是在高压泵停止输液、体系压力下降的情况下，将样品直接加到柱头，这种进样方式操作不便，重现性差，仅在不得已时才使用。高压六通阀进样的优点是进样量的可变范围大、耐高压、易于自动化，缺点是容易造成色谱峰柱前扩宽。

（三）色谱柱

高压液相色谱的核心是色谱柱，把经典液相色谱改造成为现代液相色谱，重要的内容之一就是色谱柱的"现代化"。色谱柱"现代化"的关键内容是制备出高效的填料。近年来的高效填料是使用了小颗粒（$10\mu m$、$7\mu m$、$5\mu m$、$3\mu m$）的无机氧化物，如硅胶、二氧化锆、三氧化二铝和有机多孔共聚微球作基质，在这些基质上键合各种化学基团，形成各种具有选择性作用的高效固定相。这些填料装填成的色谱柱既要有很好的选择性，又要有高的柱效，而提高柱效是现代高效液相色谱的又一重要问题。所以填料和装柱技术是关键问题。

在高效液相色谱中，色谱柱一般采用优质不锈钢管制作，管内填充高效微型填料（粒径为 $3\sim10\mu m$），管长 10～50cm，管径一般为 4～5mm。混合物能否被分离，取决于色谱柱的性能，即色谱柱填料的性能及填充效果。液相色谱的填充一般采用匀浆法。

（四）检测系统

用于液相色谱的检测器，应该具有灵敏度高、噪音低、线性范围宽、响应快、体积小等特点，同时对温度和流速的变化不敏感。在液相色谱法中，有两类基本类型的检测器：一类是溶质性检测器，它对被分离组分的物理或物理化学特性有响应，如紫外、荧光、电化学检测器等；另一类是总体检测器，它对试样和洗脱液总的物理或物理化学性质有响应，如示差折光、介电常数检测器、电导检测器等。常用的有紫外—可见光吸收光度检测器、荧光检测器、二极管阵列检测器、示差折光检测器和电化学检测器等。

重点介绍一下紫外—可见光吸收光度检测器。紫外—可见光吸收光度检测器是液相色谱中使用最广的检测器，只要溶质在紫外或可见光区有吸收，一般都可以达到很高的灵敏度。紫外光区可测 190～350nm 范围光吸收变化，也可向可见光范围 350～700nm 延伸。紫外—可见光吸收光度检测器具有以下几个主要特点及优点：

（1）灵敏度高，可达 0.001AUFS（Absorbance Unit Full Scale，全方位吸光度单位）；且噪声低，可降至 10^{-5} AU。对于具有中等强度紫外吸收的溶质，最小检测量可达 10^{-12} g 的数量级，最低检测浓度可达 10^{-10} g/mL，因此对紫外光吸收不强的样品也可检测。故线性范围宽，应用广泛。

（2）对流动相基本无响应，属于溶质性能检测器。受操作条件变化和外界环境影响小，一般对流速和温度变化不敏感，适于梯度洗脱。

（3）属于选择性检测器，对于紫外吸收的物质如饱和烃及有关衍生物无响应。

（4）需选用无紫外吸收特性的溶剂作流动相。

（5）属于浓度敏感型检测器。

（6）属于非破坏型检测器，能用于制备色谱，或与其他检测器串联使用。

（7）结构简单，使用维修方便。

四、柠檬酸三丁酯的液相色谱分析方法

（一）高效液相色谱仪操作规程

（1）准备工作。按照标准配制流动相，用 0.45μm 微孔滤膜过滤后，超声 30min，备用。10％异丙醇水溶液——异丙醇：水（10：90）。

（2）开电脑。依次打开检测器、高压泵电源（从下到上）。点击液相色谱操作软件图标，打开工作站；调节在线清洗为约 1mL/min（10％异丙醇水溶液）；单击"控制采集"，点击"启动"按钮，此时仪器开始自检，自检结束后，进入控制与数据采集界面。

（3）打开"放空阀"。用水、甲醇（90：10），设置流速为 5mL/min，冲洗 5min。设置流速为 1mL/min，拧紧"放空阀"，设置检测波长，冲洗至基线平稳。

（4）打开"放空阀"。换上流动相，设置流速为 5mL/min，冲洗 5min；设置流速为 1mL/min，拧紧"放空阀"，冲洗至基线平稳。

（5）将对照品溶液从低浓度到高浓度，依次注入仪器检测（注意清洗注射器和更换滤头）；将样品溶液注入仪器检测（注意清洗注射器和更换滤头）。

（6）数据保存，采样结束后，点击"文件"菜单下"保存"→"色谱数据"，将数据保存到目标文件夹。

（7）实验结束后，打开"放空阀"；用水、甲醇（90：10），设置流速为5mL/min，冲洗 5min。

设置流速为 1mL/min，拧紧"放空阀"，冲洗至基线平稳；打开"放空阀"；用纯甲醇，设置流速为 5mL/min，冲洗 5min；设置流速为 1mL/min，拧紧"放空阀"，冲

洗至基线平稳。

(8)关机。关闭工作站→依次关闭高压泵、检测器(从上到下)。

(二)高效液相色谱分析条件

(1)色谱柱:YWG-^{18}C4.6mm×150mm×10μm,或其他型号的^{18}C柱。

(2)流动相:甲醇(100%)。

(3)流速:1.0mL/min。

(4)进样量:20μL。

(5)检测器:紫外检测器,波长230nm。

(三)样品处理

准确量取0.04g制备样品于50mL容量瓶中,加甲醇至刻度,经0.45μm滤膜过滤,此溶液浓度为1mg/mL,滤液用作HPLC分析。

任务实施

1.问题思考

(1)合成柠檬酸三丁酯体系适合用什么分析方法?

(2)液相色谱法和气相色谱法各自的优缺点是什么?

(3)常用的液相色谱法中流动相有哪些?

2.主导任务

根据已学基础知识,确定合成柠檬酸三丁酯体系的分析方法。

(1)文献阅读

论文名称			
作者		全文语种	
期刊名称			
年,卷(期号),页码			
摘要:			
文献所用的分析方法			
文献分析方法的评价			

（2）确定合成柠檬酸三丁酯体系的分析方法

分析方法描述	
分析仪器型号	
样品处理方法	

任务四　实验数据处理及评价

工作任务

在查阅文献的基础上，确定柠檬酸三丁酯的定量测定方法及数据处理方法。

任务分析

通过任务实施，完成如下几个工作内容：

（1）绘制柠檬酸三丁酯产品的标准曲线。

（2）在比较各种分析方法的基础上，利用液相色谱对反应后混合物中柠檬酸三丁酯的含量进行定量测定。

（3）对实验数据进行处理，确定此条件下的反应收率。

技术理论

一、外标法的标准曲线

外标法是仪器分析常用的方法之一，外标法是在与被测样品相同的色谱条件下单独测定，把得到的色谱峰面积与被测组分的色谱峰面积进行比较求得被测组分的含量。外标物与被测组分为同一种物质但要求它有一定的纯度，分析时外标物的浓度应与被测物浓度相接近，以利于定量分析的准确性。

外标法的校正曲线法是用已知不同含量的标样系列等量进样分析，然后做出响应信号与含量之间的关系曲线，也就是校正曲线。定量分析样品时，在测校正曲线相同条件下进同等样量的等测样品，从色谱图上测出峰高或峰面积，再从校正曲线查出样品的含量。

外标法适用于工厂中的常规分析，它用于痕量组分的分析也能得到满意的结果。这个方法的精确度，在很大程度上取决于操作条件的控制。样品分析的操作条件，必须严格控制于绘制校正曲线时的条件。当峰高对操作条件的敏感性以及对拖尾峰、柱子超负荷和检测器有大的响应时，给出非线性的校正曲线，此时峰面积计算常常可以得到更好的结果。不过，对重叠峰，难以准确地测量峰面积，必须提高分离度才能达到预期的效果。对于工厂的常规分析，使用外标法必须经常对校正曲线进行验证。如果曲线外推通过坐标原点，验证时可以只取一个点（进一次标准样品）外标法误差的来源，除了分离条件的变化之外，就是进样的重复性。使用注射器进样，外标法的误差大约在 0.5% 以上。但是，使用定量进样阀可获得 1% 的精密度；若同时小心控制分离参数，分析精密度可达 ±0.25%。

绘制定量分析物质的标准曲线时，首先准确配制一定浓度该物质溶液，然后对该溶液进行分析，测定不同浓度下该物质对应的峰面积，最后绘制物质的浓度与峰面积的线性关系图。绘制柠檬酸三丁酯的标准曲线时，分别配制了浓度为 $100\mu g/mL$、$300\mu g/mL$、$500\mu g/mL$、$700\mu g/mL$、$1000\mu g/mL$、$1500\mu g/mL$、$2000\mu g/mL$ 的甲醇溶液，测定不同浓度下的柠檬酸三丁酯的峰面积，峰面积和浓度线性关系如图 1-3 所示。标准曲线的方程为 $y=0.0023x-80.16$。

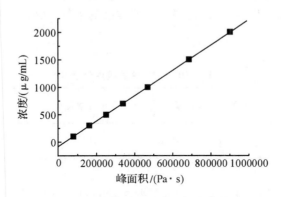

图 1-3　柠檬酸三丁酯的标准曲线

二、数据处理

以反应过程的收率作为优化目标。收率一般用于化学及工业生产，是指在化学反应或相关的化学工业生产中，投入单位数量原料获得的实际生产的产品产量与理论计算的产品产量的比值。同样的，一个化学反应在不同的气压、温度下会有不同的收率。一般而言，收率在 90% 以上是很高的收率，75% 以上是不错的收率，60% 左右是一般的收率,30%以下是很低的收率。

$$收率 = \frac{实际产量}{理论产量} \times 100\%$$

理论产量指按反应方程式,实际消耗的基准原料全部转化成产物的质量。在实际的化学反应中,由于存在副反应、反应进行不完全以及分离提纯过程中引起的损失等原因,实际产量往往低于理论产量。

以柠檬酸和正丁醇为原料合成柠檬酸三丁酯,在三口烧瓶中加入柠檬酸19.2g,正丁醇25.9g,忽略反应过程的物质损失,分别在反应体系中按照总质量的1%加入催化剂,反应一段时间后,对所得产品分别进行取样,稀释至50mL进行分析,取样量、分析结果如表1-9所示。

表1-9 实验数据表

序号	催化剂浓度(%)	取样量(μg)	柠檬酸三丁酯峰面积(Pa·s)
1	1	0.0381	214310

柠檬酸三丁酯的理论产量:36g。

因为忽略反应过程质量损失,反应后体系质量近似为45.1g。

根据标准曲线方程,不同催化剂浓度下样品的浓度、实际得到的柠檬酸三丁酯质量如表1-10所示。

表1-10 液相色谱数据处理

序号	催化剂浓度(%)	取样量(μg)	稀释后浓度(%)	反应后产物浓度(%)
1	1	0.0381	586.58	76.98

此条件下反应的收率为 $45.1 \times 0.7698 \div (36 \times 100\%) = 96.44\%$

 任务实施

1. 问题思考

(1)收率的高低反映了什么问题?

(2)如何对反应条件进行评价?

(3)实验数据如何处理?

2. 主导任务

根据已学基础知识,准确记录实验数据,并对其进行正确处理,完成相关表格。

（1）实验数据记录

序号	反应条件	样品处理方法	分析结果记录	标准曲线方程
1				
2				
3				
4				

（2）实验数据处理

序号	反应条件	样品处理后浓度	反应后产品浓度	理论产量	收率
1					
2					
3					
4					
实验结果总结					

项目二　乳胶漆复配工艺优化技术

专业能力目标

　　通过本部分内容的学习和工作任务的训练,能利用图书馆、数据库等资源进行文献、资料查阅,完成乳胶漆复配工艺条件的优化方案设计并将方案付诸实施,能正确收集和处理实验数据。

知识目标

　　(1)了解乳胶漆产品特点及其在精细化工中的应用;

　　(2)了解乳胶漆精细化工产品的发展趋势;

　　(3)掌握乳胶漆的制备方法;

　　(4)掌握乳胶漆复配工艺优化方案的设计;

　　(5)掌握乳胶漆分析方法及评价方法;

　　(6)了解颜料体积浓度、颜基比、各组分比例等因素对乳胶漆性能的影响;

　　(7)掌握乳胶漆实验数据的处理方法。

方法能力目标

　　(1)具有信息检索能力;

　　(2)具有信息加工和数据处理能力;

　　(3)具有自我学习和自我提高能力;

　　(4)具有发现问题、分析问题和解决问题的能力;

　　(5)具有一定的实验优化设计能力。

社会能力目标

　　(1)具有团队精神和与人合作能力;

　　(2)具有与人交流沟通能力;

　　(3)具有较强的表达能力。

工作任务

　　在查阅文献的基础上,完成乳胶漆复配工艺条件的优化方案设计并将方案付诸实施。

任务一 涂料制备

工作任务

在查阅文献的基础上,了解乳胶漆及相关原料的特点、性质及用途,掌握制备乳胶漆的方法等。

任务分析

通过任务实施,完成如下几个工作内容,为后续任务的实施奠定基础:

(1)通过资料查阅,了解乳胶漆及相关原料的特点、物理化学性质等。

(2)通过资料查阅,了解乳胶漆精细化学品的应用及发展趋势,理解乳胶漆作为绿色水性涂料的优势。

(3)通过资料查阅,与其他同学交流,掌握乳胶漆的制备工艺,并完成任务实施部分中的相关内容。

技术理论

一、涂料基本知识

(一)涂料的功能

涂料,我国传统称为油漆,是一种涂覆于物体表面,形成附着牢固、具有一定强度的连续固态薄膜。涂料的作用可以概括为以下几个方面:

1.保护作用

物体暴露于空气中,会受到氧气、水、光、其他气体及酸、碱、盐和有机溶剂的腐蚀,造成金属生锈腐蚀、木材腐烂、水泥风化等破坏作用。在物体表面涂覆涂料后,可形成保护层,从而延长物体的寿命。如图 2-1 所示。

图 2-1 外墙装饰涂料

2.装饰作用

物体表面涂上涂料后,形成不同颜色、不同光泽和不同质感的涂膜,得到五光十色、绚丽多彩的外观,起到美化环境、美化生活的作用,如高光泽汽车漆、室内用亚光漆、珠光涂料、锤纹效果、裂纹效果等。如图 2-2 所示。

图 2-2　室内装修涂料

3.特殊功能作用

随着经济发展和人民生活水平的不断提高,需要越来越多的涂料品种能够为被涂对象提供一些特定的功能,如图 2-3、图 2-4、图 2-5 所示,这些功能概括为以下几个方面:

(1)力学功能:如耐磨涂料、润滑涂料等。

(2)热功能:如示温涂料、防火涂料、阻燃涂料、耐高温涂料等。

(3)电磁学涂料:如导电涂料、防静电涂料等。

(4)光学功能:如发光涂料等。

(5)生物功能:如防污防霉涂料等。

(6)化学功能:如耐酸碱涂料等。

图 2-3　汽车高光涂料

图 2-4　金属防火涂料

图 2-5　船舶防腐蚀涂料

二、涂料生产设备

(一)研磨分散设备

生产乳胶漆的最重要工序是颜料和填料的分散,所使用的设备是研磨分散机。不同设备间的主要区别是施加于颜料聚集体上的应力水平不同。其中,最常用的是高速分散搅拌机。也有厂家使用砂磨机,将粗颜料和填料研磨至合格细度。这种表面上看起来节省了一点原料成本,其实是既耗能又费工的不合理方法。因为钛白粉不需研磨,研磨将其包膜破坏,反而影响其分散性、稳定性和耐久性等。细填料和超细填料供应充足,砂磨机效率低,耗能费工不合算,且可能影响配方的准确性。

1.高速分散机

图 2-6　单轴高速分散机

图 2-7　双轴高速分散机

高速分散机由机体、三三搅拌轴、分散盘或分散桨、分散缸、传动系统等组成。如图2-6、图 2-7 所示。机体通常是固定的,分散搅拌轴有固定的和可升降的,还有单轴和双轴之分。小型高速分散搅拌机一般采用单轴,也有双轴的,而中型和大型高速分散搅拌机往往采用双轴。典型的分散盘如图 2-8 所示。在国内,分散盘大都是钢质的,但在国外,以工程塑料制作的分散盘正在逐渐多起来。

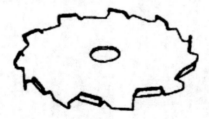

图 2-8　典型的分散盘

分散缸是由不锈钢制成的圆筒形容器,底部应为碟形或圆弧形,以防形成死角。分散缸分固定式和移动式两种。移动式用于小型高速分散搅拌机,有人称其为拉缸。固定式用于中型和大型高速分散搅拌机,其容积有 $10m^3$ 或更大的。传动系统分单速、双速和无级变速。单速只能作高速分散或搅拌单一用途,双速既可以作高速分散又可以作搅拌用。无级变速就更灵活了,既可以作高速分散又可以作搅拌用,而且可应对各种情况。

高速分散搅拌机具有如下一些优点:

(1)投资省,结构简单,操作方便,维护容易。

(2)双速和无级变速高速分散搅拌机将分散、调和、混合等过程在一机中进行,简化了工艺流程。

(3)效率高,分散和搅拌一般仅各需 10～20min 就能完成,操作成本低。

(4)由于结构简单,所以清洗方便。因此,高速分散搅拌机在乳胶漆生产中得到广泛的应用。

其缺点是剪切应力较低,研磨能力较弱,因此只适用于较易分散的颜料和填料。在乳胶漆生产企业中,高速分散搅拌机属于关键设备。它的能力大小决定了企业的规模,决定了其他设备的选型。因此,高速分散搅拌机选型的依据就是工厂的规模,兼顾其他,如配色、批量的大小、资金、安全系数等。在乳胶漆的生产中,高速分散搅拌机一般同时用于混合、分散和调漆作业。

2. 砂磨机

砂磨机是由电动机、传动装置、主轴、研磨筒体、分散装置、分离装置、机架和研磨分散介质等组成。研磨分散介质有石英砂、玻璃珠、刚玉瓷珠、氧化锆珠等,国内目前普遍使用的是玻璃珠。砂磨机一般分为立式和卧式两种。如图 2-9 和图 2-10 所示。

立式砂磨机的主轴上装有多个分散盘,内有研磨分散介质。电动机带动主轴以 1000～1500rpm 转速运转,从而使研磨分散介质随之高速抛出,碰到研磨筒体后又弹回。研磨料从底部送进砂磨机,受到研磨分散介质的剪切和冲击作用而得到分散。经多级分散后,研磨料到达顶部,细度达到要求的通过顶筛排出。立式砂磨机的一大缺点是研磨分散介质会沉底，从而给停车后重新启动带来困难，因此在 20 世纪 70 年代开发了卧式砂磨机。它的筒体和分散轴水平安装，研磨分散介质在轴向分布是比较均匀的，这样就避免了此问题。砂磨机虽然具有一系列的优点，但换色清洗困难，只适用于分散低粘度、较易分散的颜料和填料。

图 2-9　立式砂磨机

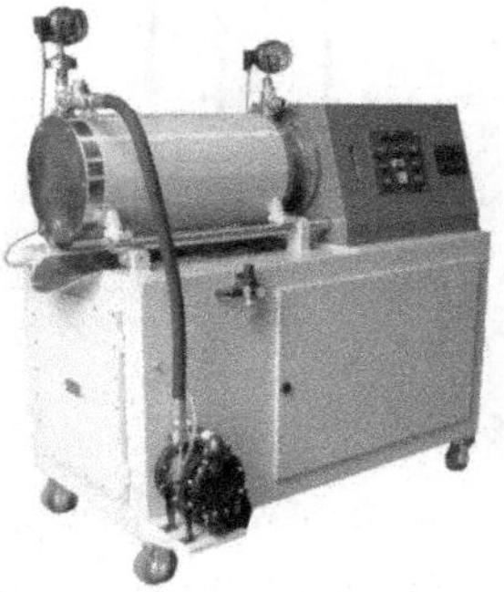

图 2-10　卧式砂磨机

(二)过滤设备

过滤是乳胶漆生产中的重要工序。因为在生产过程中，一是不可避免地会带入一些杂质，如拆袋时的编织物屑、颜料和填料中带入的研磨介质屑、袋子粘附的泥沙等；二是在生产、输送和储存中，由于密封不好，乳胶漆接触空气而结的皮；三是没有研磨分散好的粗粒子。这些杂质、结皮和粗粒子如果不被过滤掉，必将严重影响涂膜的外观，甚至招致用户投诉。

乳胶漆的过滤设备有过滤箩、振动筛、袋式过滤机和旋转过滤机等。

1. 过滤箩

过滤箩是最原始、结构最简单的过滤设备。将规定网眼的铜丝网或尼龙丝网绷在箩圈上，放置于不锈钢漏斗中，就成为过滤箩。在过滤时，可维持一定液位，以加快过滤速度。过滤箩也可通过加压来提高过滤速度。

2. 振动筛

振动筛主要由筛网、振动机构和机座等组成。由于有振动，使过滤得以较顺利进行。振动筛具有如下一些优点：结构简单紧凑；一般没有基础结构，可以来回移动使用；换色清洗方便。其缺点是：筛孔较小或乳胶漆粘度较高时，会影响过滤速度；因为大多是敞开式过滤，乳胶漆接触空气容易结皮。

3. 袋式过滤机

袋式过滤机由筒体、金属网袋和滤袋组成。由于是密闭加压操作，所以使用范围广，粘度较高的乳胶漆也能过滤，过滤速度较快。如图 2-11 和图 2-12 所示。

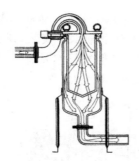

图 2-11　袋式过滤器流体流向分析

图 2-12　压盖器

(三)灌装设备

乳胶漆在送达用户手中之前需灌装。国内绝大多数厂家采用手工灌装。手工灌装效率低,精度也很难达到要求。自动灌装机按灌装嘴分类,可分为单嘴自动灌装机和多嘴自动灌装机两种,国内常见的是单嘴自动灌装机,国外有些厂采用多嘴自动灌装机。如按计量方式分类,则可分为质量式自动灌装机和容积式自动灌装机。自动灌自动灌装机一般由机架、灌装装置、压盖装置、送桶装置和自动控制系统等组成。

三、涂料生产流程

乳胶漆的生产过程就是几将各组分的原料按一定顺序加入,分散均匀,最后达到稳定状态的过程。如图 2-13 所示。一般分为三个阶段:

(一)浆料的制备

将部分水、分散剂、消泡剂、防腐剂、防霉剂、少量增稠剂投入分散缸中,搅拌均匀,然后在搅拌状态下加入颜料和填料,快速分散 30～60min,如有必要也可以用砂磨机代替快速分散,效率更高。细度合格后进行第二步。此阶段一般不加入乳液,以免机械剪切后乳液性能破坏。

(二)调漆

在浆料中边搅拌边加入乳液、增稠剂、消泡剂、成膜助剂、防冻剂、pH 调节剂搅拌 20～30min 至完全均匀,即可进行产品指针控制的检测,如品控指标结果哪项不合格,再针对该项目加入相应原料作细微调整,使各品控项目合格。

(三)过滤及包装

在乳胶漆的生产过程中,由于原料繁多,会存在一些不易被分散的杂质,对施工效果又不良影响,因此,需经过滤后才能得到更完美的产品,可根据产品要求的不同,选择不同规格的滤袋或筛网进行过滤。

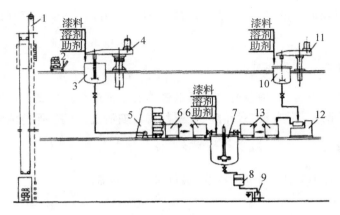

图 2-13 乳胶漆生产工艺流程

四、设备维护与清洁生产要求

由于乳胶漆生产过程中使用大量的水和含水的原料,钢、铁等设备容易生锈,因此应选择使用不锈钢、搪瓷、玻璃钢等材质的容器,如搅拌机等机械设备部分必须采用钢铁、铸铁等材料,也应作防锈处理,可涂一层防锈漆作保护。此外,盛装乳胶漆的容器最好选择塑料材质,如一定要用到马口铁罐,则需在其内壁作涂层处理,以免生锈影响产品外观和性能。

乳胶漆生产过程的清洁卫生工作是非常重要的,如果生产过程中不注意清洁卫生,会导致乳胶漆很容易被细菌污染而变质,造成巨大损失,为防止乳胶漆免遭细菌侵蚀,应注意以下几个方面。

(一)原料

原料尤其是含水原料,如乳液,很容易含细菌,并且细菌在由水存在情况下繁殖很快,几天内就可长满细菌,引起发臭、变色,不能使用。因此,乳液生产过程中一般都会加入一定量的防腐剂,抑制细菌的生长。虽然如此,对含水原料,仍要在进货时和较长时间储存后进行细菌检验,没有条件检验的,可要求供货商提供微生物分析报告。

装有含水原料的容器,应尽量装满,较少容器液面以上的空间,以减少冷凝水,能减少被污染的危险,因为冷凝水会导致液面原料浓度降低,从而被细菌污染。

纤维素增稠剂的水溶液要随配随用,如一定要储存,加入适当的防腐剂。

(二)水

水不仅是制造乳胶漆的主要成分,而且还用于设备、工具、管道的清洗,但是,水很容易被细菌污染,特别是静止的水。因此,水在使用前必须加入防腐剂或用紫外灯照射杀菌处理。设备、工具清洗后如不马上使用，要用含杀菌剂的水处理，或者保持干燥。

(三)设备

乳胶漆生产设备、储罐等要用不锈钢等不易生锈的材料制造，管道系统的设计应避免盲管、死角。所有设备、储罐、管道都要定期清洗、杀菌，保持清洁。

(四)包装桶

包装桶不应有灰尘、水等污染物，最好采用塑料桶。

(五)环境

生产环境应保持清洁、干燥，应经常清扫、冲洗并做消毒处理，清扫完毕后应去除积水。

五、常见问题及处理方法

在乳胶漆生产过程中，经常会出现一些问题，必须分析原因，并尽快予以解决，将其对生产的影响降至最低。常见的问题有以下几个方面。

(一)粘度偏离指标

在生产中，乳胶漆粘度偏离指标，其原因主要有四个：

(1)原料性能变化，如颜料、填料的细度变化，细度变细，粘度会提高；细度变粗，粘度会降低。如增稠剂的增稠效率或润湿分散剂的润湿分散效率发生变化。

(2)原料计量变化，如某原料称多或称少。

(3)加料时未全部加入，尤其是对于那些用量少而很粘的原料，因为粘在容器壁上无法全部加入。

(4)pH值的变化也有可能导致粘度的变化。

解决方法：粘度偏高加水降低粘度，粘度偏低加增稠剂提高粘度。如果是pH值的问题，可调整pH值。注意原料的稳定性，如加强原料的控制，称量前，将液态原料充分搅拌均匀等，提高计量的准确性。对于那些用量少而很粘的原料，可用部分配方中的水冲洗粘在容器壁上的原料，并将其加入。

(二)储存时粘度升高甚至发胀

看看配方中是否有反应性的原料，如氧化锌。该问题的解决比较复杂，需从润湿分散剂、pH值、乳液和钛白粉的包膜等进行试验调整。

(三)分层和分水

分层和分水是乳胶漆储存稳定性差的一种表现形式。乳胶漆是乳液聚合物、颜料、填料等在助剂水溶液中的粗分散体系,热力学上属于亚稳定体系。最粗的填料大小是几十个微米,沉降分层是一种必然的趋势。当然,配方设计得好,维持几个月,甚至几年不沉降离析也是完全可能的。纤维状和片状的填料,如硅灰石、高岭土等,有改善分层的作用。乳胶漆中的粒子除了受重力以外,还受电荷斥力和空间位阻等的作用,这就牵涉到润湿分散剂、助剂和乳液等组分,它们应取得较好的平衡,才能防止分层。体系中使用不同的增稠剂,存在亲水网络和疏水网络,网络间存在斥力,则涂料在储存过程中有分层分水趋势。出现分层分水现象时,减少体系中亲水网络和疏水网络的体积,并适当增加以下流平改性剂,再亲水网和疏水网之间增加流变改性剂网络,减少区间斥力,从而改善体系的稳定性。当体系分出的是带蓝光的液体时,说明体系中的缔合型增稠剂对乳液的缔合已经减弱,则要考虑表面活性剂、助剂种类和用量是否合适,乳液粒子是否比较亲水,从而考虑增稠剂的品种匹配是否合理。

采用 HEC 配合 HEUR 类增稠剂出现分层和分水现象,是增稠剂搭配不当造成的。因为 HEC 对水相增稠,其形成的网络比较亲水,而 HEUR 对乳液、表面活性剂等增稠,其形成的网络比较疏水,两网络间的亲水亲油的差异很大,产生斥力,造成体系不稳定,导致分层和分水。在大多情况下,建议以 HASE、HEUR 同时大牌 HEC,或者以 HASE 搭配 HEUR 来使用,均能取得满意的效果。

(四)储存中粘度降低

造成储存中粘度降低的原因主要有以下几个:

(1)纤维素增稠剂受微生物或酶降解。解决的方法是增加防腐剂的用量,或选择更有效的防腐剂,以保护纤维素增稠剂免受微生物或酶的降解。对于粘度已经降低的乳胶漆,加防腐剂杀菌,并补加增稠剂。

(2)pH 值降低导致碱膨胀增稠剂效果降低,可采用稳定的 pH 值调节剂。

🔧 任务实施

1. 问题思考

(1)绿色环保水性乳胶漆成为研究热点的缘由是什么?

(2)乳胶漆制备所用的各个设备的作用是什么?

2. 主导任务

根据已学基础知识,完成如下配方的乳胶漆制备。

投料序号	原料名称	投料数量(g)	备注
1	水	270	
开动搅拌机,将转速增至500rpm,然后逐步和缓慢地加入下列原料。			
2	PE-100	1	
3	5040	5	
4	NXZ	1.5	
5	HBR250	2	
搅拌3分钟,在搅拌下慢慢地加入下列原料,搅拌转速1000rpm。			
6	钛白粉	25	
7	滑石粉	47	
8	轻钙	165	
9	重钙	155	
10	高岭土	95	

投入完毕后,转速至2000～2500rpm,搅拌30min。细度合格后,停止搅拌。在搅拌状态下加入下列物质,搅拌速度1000rpm。

11	醇酯12	6.5	
12	乙二醇	10.5	
13	氨水	1	
14	水	86.2	
15	苯丙乳液	105	
16	NXZ	1	
17	RM2020	1.5	
18	增稠剂		
19	水	12	
20	TT935	4	
搅拌20分钟,搅拌均匀,检验合格后包装。			
合计		1000	
作业者:			
细度	小于50微米	粘度	85KU

任务二　乳胶漆配方设计与优化

工作任务

在查阅文献的基础上,了解影响乳胶漆性能的主要因素,掌握制备乳胶漆的常用原料以及其在乳胶漆配方中的作用。能根据要求完成乳胶漆配方的优化方案设计。

任务分析

(1)通过资料查阅了解制备乳胶漆常用原料的特点及其在配方中的作用等。

(2)根据要求进行乳胶漆复配工艺的优化方案设计。

(3)通过与其他同学交流,进行乳胶漆复配工艺方案的实施。

技术理论

一、乳胶漆原料

(一)基料

乳胶漆的基料为合成树脂乳液,它是乳胶漆的核心部分,起连接作用。常用的乳液有以下几种。

1. 苯乙烯-丙烯酸酯共聚乳液

苯乙烯-丙烯酸酯共聚乳液简称苯丙乳液。苯丙乳液由于价格适中,是使用很多的乳液之一。它既可以用于内墙乳胶漆,也可以用于外墙乳胶漆。

2. 纯丙烯酸酯共聚乳液

纯丙烯酸酯共聚乳液简称纯丙乳液,它是由丙烯酸酯单体共聚而成。纯丙乳液具有很好的耐水性、耐碱性、耐候性、耐旋光性、成膜温度低和低气味等优点,广泛应用于乳胶漆中,尤其是外用乳胶漆中。

3. 硅丙乳液

在丙烯酸酯聚合物链上引入聚硅氧烷基团,使得乳液具有某些宝贵的性质。如改善了涂膜的斥水性、提高漆膜的透气性、提高漆膜的附着力、提高漆膜的耐老化能力、提高漆膜耐沾污性能等。

4. 弹性乳液

弹性乳液为了满足遮盖裂缝的要求,其玻璃化温度往往比较低,也就是说比较软。由其制成的乳胶漆耐沾污性较差,拉伸强度较低。

(二)颜料

颜料是不溶于水或其所分散的介质的有色粉末,颜料与染料不同,染料溶于水且其性能可能会受到分散介质的影响,颜料则不然。根据来源的不同,颜料可分为天然颜料和合成颜料;根据化学成分的不同,颜料可分为有机颜料和无机颜料;按在涂料中作用的不同,颜料可分为着色颜料、体质颜料和功能性颜料;按颜料所处色系的不同,颜料又可分为白色颜料、黑色颜料、黄色颜料、红色颜料、橙色颜料、绿色颜料、蓝色颜料、紫色颜料、棕色颜料等。

颜料在涂膜中的首要作用是能够赋予涂膜以一定的色彩,其次颜料能够增加涂膜的体积,使涂膜具有遮盖基层的能力、增加涂膜的色彩和保护作用,提高涂膜的机械强度。由于颜料能够吸收一定量的紫外线,防止紫外线在涂膜中的穿透作用,因而能够提高涂膜的耐久性。

乳胶漆用颜料最重要的是白色遮盖型颜料.它在涂料中主要用来降低漆膜的透明度或提高其光散射能力。在白色遮盖型颜料中,最重要的是二氧化钛颜料,其次立德粉、锌白、铅白等白色颜料也大量使用。

二氧化钛俗称钛白、钛白粉。构成钛白颜料的二氧化钛属于多晶型化合物,在自然界中有两种晶态:金红石型和锐钛型。两种晶型的二氧化钛主要物理性能列于表2-1中。

表 2-1　钛白粉晶型

晶型 项目	金红石型	锐钛型	晶型 项目	金红石型	锐钛型
晶系	四方晶系	四方晶系	熔点(℃)	1858	向金红石型转化
折光率	2.76	2.55	着色强度	1700	1300
密度(g/cm³)	4.2	3.9	吸油量(%)	16～48	18～30
莫氏硬度	6.0～7.0	5.0～6.0	耐光坚牢度	很高	低
介电常数	114	48	抗粉化	一般	差
遮盖力	414	333	紫外吸收(%)	90	67
颗粒平均尺寸(μm)	0.2～0.3	0.3			

(三)填料

填料是指起填充作用的颜料,主要是指碳酸钙、硫酸钡、高岭土、硅酸盐、云母粉、氢氧化铝等这些价格相对低廉的无机填料。填料在涂料中起骨架作用,它们的填充可以增加涂膜的厚度,提高涂层的耐磨性和耐久性。填料的使用可以降低涂料的成本。因为一般填料的价格都比其他颜料价格低,所以在涂料中加入适量的填料可以使涂料成本降低。

1. 天然二氧化硅

石英砂是天然沉积物,经纯化、研磨和过筛制成。它与多数由人工制成的方晶石(应用较窄)都属于硅酸类。这类产品的特点是成本低廉,且物理和化学稳定性很高。方晶石与一般无色的石黄砂不同在于它具有较高的白度,可用于专门的建筑涂料和灰浆,特别是用于道路标志涂料,因为其硬度较高,所以可以提高耐磨性。除了通用产品之外,还有经过表面处理的产品,这更能适合水基涂料的需要。

2. 白炭黑

白炭黑又称微细二氧化碳、微细硅酸,按制法分类分为气相白炭黑和沉淀白炭黑。不能把气相产品看成是真正的填料,因为它们作为增稠剂和流变助剂(触变剂)使用。沉淀出一般这类产品的颗粒皮是比较精细的,所以价格也比仅仅作为填料使用的石英砂要高很多。

3. 硅藻土

硅藻土是白色至灰白色的含水非结晶型二氧化硅,外观像白垩粉,多孔质轻,柔软,吸水性强,易磨成粉末,不溶于酸,能溶于强碱溶液。硅藻土只经过燃烧就可以使用。硅藻土这种填料具有消光性质,用于室内涂料可以免除漆层对光线的干扰。硅藻土和白炭黑一样,可以增加涂料的遮盖力。

4. 滑石粉

滑石粉是将天然滑石矿粉碎而成,其主要成分为水合硅酸镁,为白色鳞片状结晶,并含有纤维状物,含有杂质者呈淡黄、淡绿、淡蓝色等。滑石粉晶体属单斜晶系,呈六方形或菱形。滑石粉中和氧结合的镁原子夹在 2 个片状二氧化硅之间,形成层状结构,相邻层之间依靠弱的范德华力结合在一起,当有剪切力作用时,层间容易分离。滑石粉在已知矿物中为最软的,化学性质不活泼。滑石粉其片状结构对其应用具有决定性的影响。正因为如此,其吸油量也比球状填料大,所以滑石粉能影响涂料的强度和流变性质,通常表现出结构粘度的性质。

5. 高岭土

高岭土通常也称瓷土、中国粘土。主要矿物成分为高岭石,它是各种结晶岩破坏后的产物,它也是片状结构。由于其电荷分布的作用,高岭土在水介质中形成一种不是很稳定的结构。电荷的分布是这样的,即在片状颗粒的边缘带正电,表面带负电。如果用量大,这种作用会形成凝胶,使涂料不能流动,但这种作用会受到浸润剂和分散剂的抑制。

6. 碳酸钙

除了硅酸盐之外,碳酸钙也是比较重要的体质颜料。与硅酸盐一样,碳酸钙也有人工合成和天然产品之分,其中以天然产品为主。可以用 CCN 代表天然碳酸钙,用 CCP 代表合成碳酸钙。碳酸钙的重要性主要是其具有"无限"的用途,有低廉的价格和良好的技术性能,因此它已成为涂料中最重要的填料。

(四)助剂

涂料助剂是涂料的辅助材料,它是涂料的一个组成部分,但它不能单独形成涂膜,它在涂料成膜后可作为涂料中的一个组分而在涂膜中存在。水性涂料用助剂种类很多,主要分为以下几类:增稠剂和保护胶、流平剂、润湿剂、分散剂、消泡剂、成膜助剂、防霉杀菌剂、缓蚀剂等。

1. 增稠剂

水性涂料中加入增稠剂能增加水性涂料的粘度,使颜料沉淀减慢,而且沉淀松散,易搅拌均匀,防止颜色不匀,保证涂料的储存稳定性。有些增稠剂加入水性涂料中,使水性涂料具有一定的稠度和触变性,水性涂料施工时涂刷省力,又可减少施涂时滴流和流挂,保证涂层的外观和质量。增稠剂和表面活性剂一样,有阴离子、阳离子、非离子等三类。

2. 润湿分散剂

在乳胶漆中润湿分散剂的作用是吸附在颜(填)料颗粒的表面,通过降低此界面的张力,使颜(填)料在分散过程中更迅速地经过润湿和分散达到理想的一次粒子状态,并能有效防止这种已经分离的粒子再重新相互结合,使之保持稳定的分散状态。常见的润湿分散剂如表 2-2 所示。

表 2-2　常见的润湿分散剂

商品名	主要成分	特点和用途	生产供应商
SN-Dispersant 5040	聚羧酸钠	对无机颜料、填料适用,对氧化锌、氧化铁系颜料适用,适用于无光至有光乳胶漆。	海川化工
SN-Dispersant 5034	聚羧酸钠	对无机颜料、填料适用,对超细碳酸钙有特效。	海川化工

3. 消泡剂

水性涂料中包含了许多表面活性剂,如乳液中的乳化剂、涂料中的增稠剂、润湿剂、分散剂等,它们都有起泡倾向。在水性涂料制备过程中,起泡将干扰制备工作的正常进行,必须加入消泡剂。表 2-3 列举了科宁公式生产的主要消泡剂。

表 2-3　科宁公司生产的主要消泡剂

商品名	性能和应用	常用量(%)
Nopco 8034	非离子型,可乳化,易分散,用于中等粘度乳胶漆及细粒径乳液。可在制漆的任一过程加入。	0.1~0.5
Nopco 8034A	易分散,消泡力持久,不失光。	0.2~0.5
Nopco 8034L	通用型,高效、易分散,可在制漆的任何阶段加入。	0.1~0.5
Nopco 267A	非离子型非硅型,消泡抑泡剂,经济。	0.1~0.3
Nopco 309A	矿物油基,含硅,不溶于水,经济、性价比优,用于乳胶漆,最好分两次加入。	<0.5
Nopco NXZ	脂肪烃乳化物,通用型,适用于中等 PVC 体系。	0.2~0.4

4.成膜助剂

成膜助剂又称聚结助剂,它能促进乳胶粒子的塑性流动和弹性变形,改善其聚结性能,能在广泛的施工温度范围内成膜。成膜助剂是一种易消失的暂时增塑剂,因而最终的干膜不会太软或发粘。常用的成膜助剂如表 2-4 所示。

表 2-4　常用的成膜助剂

商品牌号	生产商
Texanol	Eastman
Ncxcoat 795	NESTE Chemicals
CS-12	协和发酵
醇酯-12	齐大科技有限公司
XH6 系列	洪湖新华化学有限公司

5.防腐剂

(1)1,2-苯并异噻唑啉-3 酮(BIT)

属于该类防腐剂的有:Proxel GXL,Proxel XL-2,Troysan-586,Mergal K10-N,Biocide BIG-A 50M,杀菌防腐剂 PT 等。

(2)5-氯-2 甲基-4-异噻唑啉-3-酮/2-甲基-4-异噻唑啉-3 酮(CMIT/MIT)

属于此类防腐剂的有:Kathon LXE,Acticide SPX,Biocide K10SG,Bactrachem W15,华科-88 等。

(3)释放甲醛型防腐剂(FR)

属于此类防腐剂的有:Troysan 174,Troysan 186 等。

(4)5-氯-2 甲基-4-异噻唑啉-3-酮/2-甲基-4-异噻唑啉-3 酮＋释放甲醛型防腐剂(CMIT/MIT＋FR)

属于此类防腐剂的有:Acticide HF,Parmetol A26 等。

6.pH 调节剂

乳胶漆 pH 值对其稳定性、抗菌性和消泡的难易都有影响,通常控制在 7.5～10,偏碱性。常采用 AMP-95、AMP-90、氨水、氢氧化钠、氢氧化钾等来调节 pH 值。

7.防冻剂

乳液和乳胶漆都是以水为分散介质,水的冰点高,在 0℃会结冰。这对乳胶漆在冬季的运输和储存带来不便。常用的防冻剂有丙二醇、乙二醇和二醇醚类等。

二、乳胶漆配方设计

(一)配方基本术语

1. 颜料体积浓度(PVC)

(1)定义

颜料体积浓度是指涂膜中颜料和填料的体积占涂膜总体积的百分数,以 PVC 表示。

(2)颜料体积浓度的意义

涂料中最主要的固体组分是颜料、填料和基料聚合物。它们也是构成干涂膜的关键组分。从某种意义上说,颜料和填料在涂膜中起骨架作用,而乳液聚合物起粘结作用。PVC 就是反映三者在涂膜中的体积关系。PVC 高,说明粘结剂少,颜料、填料多;反之,说明粘结剂多,颜料、填料少。PVC 可根据配方进行计算。

2. 临界颜料体积浓度(CPVC)

临界颜料体积浓度是指基料聚合物恰好覆盖颜料和填料粒子表面,并充满颜料和填料粒子堆积所形成空间的颜料体积浓度,以 CPVC 表示。

3. PVC、CPVC 和乳胶漆性能的关系

配制低 PVC 乳胶漆时,在干膜中,颜料和填料粒子分散在乳液聚合物的连续相里。随着颜料和填料的增加,PVC 提高,当其超过某一极限,即超过 CPVC 时,乳液聚合物就不能将颜料和填料粒子间的空隙完全充满,这些未被填充的空隙就留在涂膜中,由空气来填充,涂膜的性能就急剧下降。乳胶漆性能与 PVC 的关系如图 2-14 所示。乳胶漆的 PVC 也并非越低越好,要综合考虑性能、价格等因素。不同光泽乳胶漆的大致 PVC 如表 2-5 所示。

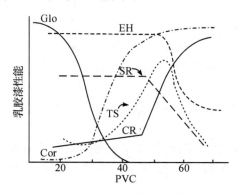

图 2-14　乳胶漆性能与 PVC 的关系

表 2-5　不同光泽乳胶漆的 PVC

乳胶漆	PVC(％)	乳胶漆	PVC(％)
有光	10～18	蛋壳光	30～40
半光	18～30	平光	40～80

把 PVC/CPVC 的比值定义为对比 PVC。在进行涂料的配方时，对比 PVC 或 PVC 与 CPVC 的距离比 PVC 更能反映本质。它们不仅反映了乳胶漆中两个成膜物质——乳液和颜料、填料的体积关系，而且反映了与 CPVC 的距离，从而与乳胶漆的性能挂上了钩。有人建议建筑乳胶漆的 PVC/LCPVC 值如表 3-6 所列。实际上，内用平光乳胶漆对比 PVC 有达 1.35 的，外用平光乳胶漆对比 PVC 也有超过 1 的。

表 2-6　建筑乳胶漆的 PVC/CPVC

建筑乳胶漆	外用平光	内用平光	半光
PVC/CPVC	0.95～0.98	0.98～1.1	0.6～0.85

也有人认为配方设计时最好避开 PVC/CPVC＝1，因为该点附近性能波动很大。总之，乳胶漆最佳配方中的关键因素是 PVC/CPVC。CPVC 的大小与所用原料的种类及配比有关。最佳配方首先是通过调整 CPVC 使之尽可能地高，并根据乳胶漆的性能要求，将 PVC 设定在离 CPVC 有一定距离的安全范围内，其次是协调地用好助剂。

4. 颜基比

所谓颜基比是指颜料和填料的质量分数对固体树脂（在乳胶漆中，指固体乳液聚合物）质量分数之比，以 P/B 表示。颜基比简单，还有不少人使用它。不同乳胶漆的颜基比如表 2-7 所示。

表 2-7　不同乳胶漆的颜基比

乳胶漆	P/B	乳胶漆	P/B
有光乳胶漆	0.4～0.6	外墙乳胶漆	0.4～5.0
半光乳胶漆	0.6～2.0	内墙乳胶漆	0.6～7.0

(二)乳胶漆配方

1. 白色乳胶漆配方

投料序号	原料名称	投料数量(g)	备注
1	水	270	
开动搅拌机,将转速增至500rpm,然后逐步和缓慢地加入下列原料。			
2	PE-100	1	
3	5040	5	
4	NXZ	1.5	
5	HBR 250	2	
搅拌3min,在搅拌下慢慢地加入下列原料,搅拌转速1000rpm。			
6	钛白粉	25	
7	滑石粉	47	
8	轻钙	165	
9	重钙	155	
10	高岭土	95	
投入完毕后,转速至2000～2500rpm,搅拌30min。细度合格后,停止搅拌。在搅拌状态下加入下列物质,搅拌速度1000rpm。			
11	醇酯12	6.5	
12	乙二醇	10.5	
13	氨水	1	
14	水	86.2	
15	苯丙乳液	105	
16	NXZ	1	
17	RM2020	1.5	
18	增稠剂		
19	水	12	
20	TT935	4	
搅拌20min,搅拌均匀,检验合格后包装。			
合计		1000	
作业者:			
细度	小于50μm	粘度	85KU

2. 配方组分及其作用

HBR250是羟乙基纤维素(HEC)增稠剂,在配方中的作用是增稠,提高乳胶漆在制造和施工过程中的外相粘度,并控制乳胶漆的最终粘度。粘度会影响乳胶漆的涂刷性、涂膜厚度、流平性、流挂性和储存稳定性等。外相粘度还控制漆液渗透入多孔基层的速率。如果迅速渗透,多孔基面上乳胶漆的粘度和PVC就会上升,导致流平性变差,留在多孔基面上的涂膜质量下降。由于羟乙基纤维素保水性好,所以能延长开放时间

乙二醇的主要作用有两个:一是防冻作用,提高乳胶漆的低温稳定性;二是调节乳胶漆干燥速率,延长湿边时间,防止产生接痕。从环保角度看,丙二醇比较环保,所以发展趋势是使用丙二醇,而不是乙二醇。

5040 是阴离子分散剂,促进颜料、填料分散稳定。PE100 是一种非离子表面活性剂,能有效地降低表面张力,使颜料、填料较好地湿润,提高其分散稳定性。同时,由于乳胶漆表面张力降低,从而提高对基面的湿润能力,有利于获得较高的附着力,或湿润表面张力较低的基材。非离子表面活性剂和阴离子分散剂的搭配使用有利于提高系统稳定性。

NXZ 是消泡剂,一般在打浆和制漆阶段分别加 1/2。必须用尽可能少的消泡剂量来控制泡沫,过量的消泡剂会导致施工时缩孔。

钛白粉,其作用是提供涂膜遮盖力。金红石型钛白粉价格高,在达到要求的情况下,能少用尽量少用。

碳酸钙、滑石粉和高岭土是填料,它们的主要作用是降低成本,增加涂膜的体积,改善乳胶漆及其涂膜的性能。这些填料的折射率与涂料基料的折射率差不多,本身几乎没有遮盖力。但它们很细,具有位隔作用,能提高钛白粉的遮盖效率。

颜料、填料经高速分散,分散细度检验合格后,在低速搅拌的情况下,加入乳液。乳液把乳胶漆各组分粘结在一起,形成涂膜,同时又使涂膜附着在基面上。它是乳胶漆的主要组分。在低速搅拌下加入乳液是防止其破乳而影响乳胶漆的性能。

醇酯-12 是成膜助剂,其化学名为 2,2,4-三甲基-1,3-戊二醇单异丁酸酯。顾名思义,其作用是帮助乳液成膜,即降低乳胶漆的最低成膜温度,使乳液在施工的温度、湿度等条件下,尤其是冬天,形成连续膜。随着成膜过程的进行,成膜助剂会逐渐挥发,乳胶漆的最低成膜温度逐步升高,涂膜不断变硬,直至成膜过程结束。高浓度的成膜助剂易使乳液絮凝,因此,在此阶段加入时,应在低速搅拌的条件下,慢慢地加入,并搅拌均匀,也有将成膜助剂在打浆阶段加入的。其好处是可以避免乳液絮凝危险,但也有一些成膜助剂可能被颜料、填料吸入颗粒中。至于成膜助剂的用量,绝大多数人认为,根据配方中乳液量来确定,因为其是帮助乳液成膜的。但事实是,随着颜料、填料的加入,乳液在乳胶漆中的最低成膜温度不同于纯乳液的最低成膜温度,它会升高。因此,根据配方中乳液量来确定成膜助剂用量时,如果采用同一比例的话,对于高 PVC 的乳胶漆,成膜助剂用量不够;而对于低 PVC 的乳胶漆,成膜助剂用量太多。综上所述,成膜助剂用量可根据其降低聚合物最低成膜温度的能力和对乳胶漆最低成膜温度的要求来确定,一般为乳胶漆总量的 1.5%～3.0%。

配方中没有防腐剂和防霉剂,防腐剂是一定要加的,否则乳胶漆在储存期内要变质,尤其是以纤维素为增稠剂的乳胶漆。一般可加 0.15% 左右的防腐剂。热稳定性好的防腐剂可在打浆前加入,热稳定性差的防腐剂应在调漆后阶段加入,以防打浆时温度较高而使防腐剂分解失效。防霉剂可根据防霉要求,加或不加,或加多少。

(三)乳胶漆配方设计

1.性能目标确定

当你接受一项乳胶漆的配方设计任务时,首先要明确的是你所设计的乳胶漆品种的应用目标和性能要求。无论你所设计的是通用或专用品种,都要既定性又定量地列出要求达到的技术指标,并明确考核各项指标的检测方法。如果你研制的是一个通用型品种,则很可能这些指标就是既有的国内外某个标准或层次的技术指标。如果你研制的是一个特殊品种,则你所罗列的技术指标将来会构成一个新的产品标准。

这里要注意的是:首先,不要盲目地把指标定得过高,因为高指标是要高成本来支撑的,以满足需要为度;其次,要兼顾性能的平衡,不要顾此失彼;最后,乳胶漆性能测试结果往往波动比较大,所以确定指标时,既要心中有数,又要留有余地。

2. 原料选择

目标确定后,接着就是选择原材料了。有一点是共同的,就是不管什么原料,都要求其稳定,稳定对生产是十分重要的。原料选择关系到供应商的选择,生产厂家的选择。一定要选择那些不仅能提供合格原料,而且能提供稳定合格原料与优质服务的世供应商和生产厂家。

3. 乳液选择

对于内墙乳胶漆,一般可选用苯丙乳液、醋丙乳液、醋叔乳液和醋酸乙烯—乙烯共聚乳液。国内用得较多的是苯丙乳液和醋丙乳液。醋丙乳液价格适中,苯丙乳液粘结颜料能力高。

对于外墙乳胶漆,硅丙乳液、纯丙乳液、苯丙乳液、醋叔乳液均可选择。国内目前用得最多的也是苯丙乳液,因为其性能价格比易于被人们接受。

对于一些特殊的乳液产品,如性能不亚于常规酸固化、硝基和聚氨酯系列的配套乳胶木器漆,从封闭剂到有光或亚光清漆和色漆;氨基丙烯酸乳胶烘漆,包括卷材涂料在内的工业用漆;光泽与醇酸漆相似而耐久性更好,又富于抗压粘性的有光乳胶门窗漆;适用于一般桥梁、塔架、大型石油贮罐等的性能优于醇酸系列的成套防蚀乳胶漆,例如环氧丙烯酸型乳胶漆,包括底漆和面漆等,国外也有成熟产品供选择。

玻璃化温度、最低成膜温度、平均粒度和粒度分布等是影响聚合物乳液选择的定量指标,如有光乳胶漆一般选用 T_g 较高的乳液,平均粒径较细的乳液对颜料填料的粘结能力往往比较强。但真正决定乳液选择的往往是一些说明书上没有直接表达的定性和定量指标或因素,有的是厂家保密而难以提供,有的是配方影响因素太多,无法简单地定量。但是对产品说明书的全面消化,尤其是它们的配方举例,包括与乳液供应厂家技术人员的交流,加上自身对聚合物乳液的知识积累,会使你较准确地选出有资格进入你筛选过程的备选品,然后通过试验比较确定。例如:将乳液涂布在玻璃板上,如在 $50\pm2℃$ 放置 4h,观察乳液膜的透明度,越透明越好。将上述玻璃板浸泡在蒸馏水中,观察其出现泛白所需的时间,时间越长说明耐水性越好。这可用于选择真石漆用乳液。

4. 颜料、填料的选择

一般乳胶漆(主要是建筑乳胶漆,兼指一般工业用面漆)所用的颜料,其所起作用不外乎提供遮盖力和装饰性。对这些颜料的首要要求是具有尽可能高的遮盖力和明亮美丽的颜色。但是，为了使颜料得以长远地履行其遮盖和装饰的使命，还必须十分注意颜料的稳定性和易分散性。对光稳定，保色性好，耐久性佳；对热稳定、耐烘烤；物理化学性质稳定，保证乳胶漆粘度的稳定，耐候性好。分散状态稳定，包括不沉淀、不絮凝、不浮色、不发花，等等。易分散性的重要性是不言自明的，它有助于控制工厂的投资，有助于降低生产的成本，并提高产品质量。

乳胶漆对颜料的另一重要要求是遮盖力。金红石型钛白粉的遮盖力是最好的，国外发达国家不仅外墙乳胶漆，而且内墙乳胶漆也用金红石型钛白粉。其他颜料也有一定遮盖力，具体视其对光的散射和吸收能力而异。鲜艳的黄色和红色乳胶漆应特别注意其遮盖力是否达到要求。在乳胶漆中使用填料（亦称体质颜料）有如下结果：降低成本；增加乳胶漆的稠度，防止颜料、填料的沉降；影响乳胶漆的流动性、流平性；影响涂膜的光泽；有助于涂膜染污的清除；增加涂膜的抗抛光性；影响涂膜的耐久性、粉化性和抗擦洗性；增加涂膜的整体性和屏蔽性，等等。填料的品种非常多，选择起来比较复杂。既然叫作填料，便宜当然是第一要义，光图便宜自然不行，还要根据主次，兼及其他目的。作为填料，在乳胶漆中加得越多，成本降低越甚。但是，多加少加，并不能随心所欲，需视乳胶漆的性能要求、填料的细度、吸油量等而定，要照顾粘结剂对颜料的粘结力。填料的吸油量在许多手册中或产品说明书中可以查到。细度在产品说明书上会有记载。现在，许多填料也有超细分散的品种。它们白度好、沉降性低，在使用上有其有利之处，但价格较贵，吸油量高，用量上有时会受到限制。在给定的条件下，吸油量高，细度细，往往用量低；反之则高。制定配方时，必须根据具体情况加以权衡。至于粘结剂对颜料的粘结力，一般而言，自然以细粒径的丙烯酸系聚合物乳液为最佳。常用填料及其特性如表 2-8 所列。

表 2-8 常用填料及其特性

填料	特性
煅烧高岭土	干遮盖力好，悬浮性好，降低流挂
石英粉	消光，抗抛光，耐磨，耐擦洗
滑石粉	易粉化，防沉降，提高涂膜屏蔽性能和整体性，施工性好
重质碳酸钙	可改善保色性和抗粉化性，精细粒子能提供位隔作用，增加钛白粉遮盖效能
轻质碳酸钙	悬浮性较好，能提供位阻作用，吸油量高，室外耐久性稍差
沉淀硫酸钡	不易起白霜和污染，吸油量低，易沉淀
云母粉	增强涂膜坚韧性，减少涂膜透水性，抗紫外线，防开裂

不同填料的粒子形状是不相同的，具有片状粒子的滑石粉能提高涂膜的整体性，从而也对耐水性、耐碱性等有利。具有圆形粒子的碳酸钙，当粗细搭配使用时，容易发挥其填充效应。一些填料品种，如滑石粉、高岭土、二氧化硅等，还具有对涂膜消光的作用。

金红石型钛白粉虽有最高的散射能力,但价格也很高,如果其颗粒产生附聚,就会影响其遮盖能力的发挥。体质颜料,如碳酸钙、滑石粉和高岭土等,其折射率基本与乳液聚合物相同,因此没有遮盖力。但较细的体质颜料,通过调节钛白粉在涂膜中空间位置,使钛白粉不团聚,达到最大的光散射能力,从而得到最高的遮盖力。而粗的体质颜料,由于造成钛白粉在其粒隙中聚集,从而降低了钛白粉的遮盖效率。在可取代钛白粉的填料中,应提及有机体质颜料或称为不透明聚合物,将其用于乳胶漆配方中,除达到取代部分钛白粉的作用外,对提高涂膜硬度、平滑度,内用漆的耐擦洗性,外用漆的抗积尘性均有明显效果。

填料选择时还应注意搭配使用。不同填料搭配得好,不仅能提高涂膜的密实度,还可降低乳液用量,从而达到降低成本、提高性能的目的。

5. 助剂选择

乳胶漆配方中必须使用众多品种的助剂,这是乳胶漆的缺点。在配方设计中对助剂的选用,应注意以下三点:

(1)任何助剂,当使用得当时,就会发挥事半功倍的正面作用,但它们也必然会有副作用。如湿润分散剂能降低水的表面张力,促进颜料、填料的湿润分散,提高其分散稳定性,同时有利于涂料对基面的湿润。但湿润分散剂在生产和施工中会产生气泡;乳胶漆成膜后,湿润分散剂留在涂膜中,就成为渗透剂,从而提高涂膜的吸水性,降低耐水性和耐洗刷性。

(2)任何助剂,其用量均以能解决问题为度,超量使用是花钱买副作用。

(3)要十分注意助剂之间的相互作用,竞争吸附。要把助剂放在乳胶漆体系中考虑,如乳液的乳化剂、色浆的湿润分散剂和增稠剂等,都要统一考虑,要使其相互增益,防止相互抵消,甚至出现麻烦。要从助剂的组成、结构和作用机理出发,通过试验和不断实践,积累经验,逐步完善。

6. 水和助溶剂的选择

水是乳胶漆的一个组分,应该注意其质量。尤其是多价离子和细菌,长期在水箱中静置的水要杀菌处理后才能用,尤其是在天热时。还有铁锈和杂质,应过滤掉。助溶剂的选择应注意性能与环保的统一,如目前的趋势是用丙二醇,而不用乙二醇,尽管乙二醇性能不错。

任务实施

1. 问题思考

(1)乳胶漆配方优化方案该如何进行设计?

(2)常用的乳胶漆原料有哪些,其作用是什么?

2. 主导任务

根据已学基础知识,对配方中各组分的作用进行说明,并对常用的组分进行举例,并计算此配方的颜基比。

投料序号	原料名称	投料数量(g)	常用类型及其作用
1	水	270	
开动搅拌机,将转速增至500rpm,然后逐步和缓慢地加入下列原料。			
2	润湿剂	1	
3	分散剂	5	
4	消泡剂	1.5	
5	纤维素	2	
搅拌3min,在搅拌下慢慢地加入下列原料,搅拌转速1000rpm。			
6	钛白粉	25	
7	滑石粉	47	
8	轻钙	165	
9	重钙	155	
10	高岭土	95	
11	成膜助剂	6.5	
12	乙二醇	10.5	
13	pH调节剂	1	
14	水	86.2	
15	乳液	105	
16	消泡剂	1	
17	流平剂	1.5	
18	增稠剂	2	
19	增稠剂	4	
合计		100	

任务三 乳胶漆指标分析方法

工作任务

了解乳胶漆原料及产品分析检测的指标,能根据要求对乳胶漆及原料进行正确的分析。

任务分析

通过任务实施,完成如下几个工作内容,为后续任务的实施奠定基础:

(1)通过资料查阅,了解乳胶漆相关检测指标的国家标准。

（2）通过资料阅读，掌握乳胶漆相关检测的原理及方法。

（3）通过其他同学交流，完成乳胶漆相关指标的检测，并完成分析报告。

技术理论

一、乳液的性能指标分析

不同的乳液有不同的技术指标，苯丙乳液的技术指标如表 2-9 所示。

表 2-9 苯丙乳液的技术指标

项目	指标	项目	指标
外观	乳白色	钙离子稳定性	通过
蒸发剩余物（%）	46～50	机械稳定性	通过
pH 值	5～6	热稳定性	通过
粘度（Pa·s）	0.2～0.7	残余单体含量（%）	≤1.5

（一）外观的测定

在天然散射光线下用肉眼观察。

（二）蒸发剩余物的测定

1. 仪器设备

玻璃培养皿：直径 75～80mm，边高 8～10mm；

玻璃表面皿：直径 80～100mm；

磨口滴瓶：50mL；

玻璃干燥器：内放变色硅胶或污水氯化钙；

坩埚钳；

温度计：0～200℃，0～300℃；

天平：感量为 0.01g；

鼓风恒温烘箱。

2. 分析方法

（1）甲法：培养皿法

先将干燥洁净的培养皿在 105±2℃烘箱内焙烘 30min。取出放入干燥器中，冷却至室温后，称重。用磨口滴瓶取样，以减量法称取 1.5～2g 试样，置于已称重的培养皿中，使试样均匀分布于容器的底部，然后放入已调到按表 2-10 规定温度的鼓风恒温烘箱内焙烘一定时间后，取出放入干燥器中冷却至室温后，称重；再放入烘箱内焙烘 30min，取出放入干燥器中冷却至室温后，称重；至前后两次称重的重量差不大于0.01g为止。试样平行测定两个试样。

（2）乙法：表面皿法

本方法是用于不能用甲法测定的高粘度涂料如腻子、乳液和硝基电缆漆等。先将两块干燥洁净可以相互吻合的表面皿在 105±2℃烘箱内焙烘 30min。取出放入干燥器中冷却至室温，称重。将试样放在一块表面皿上，另一块盖在上面（凸面向上）在天平上准确称取 1.5～2g，然后将盖的表面皿反过来，使两块皿相互吻合，轻轻压下，再将皿分开，使试样面朝上，放入已调到按表 2-10 规定温度的恒温鼓风烘箱内焙烘一定时间后，取出放入干燥器中冷却至室温，称重；再放入烘箱内焙烘 30min，取出放入干燥器中冷却至室温，称重；至前后两次称重的重量差不大于 0.01g 为止，试验平行测定两个试样。

表 2-10　各种漆类焙烘温度规定

涂料名称	焙烘温度（℃）
硝基漆类，过氧乙烯漆类，丙烯酸漆类，	80±2
缩醛胶	100±2
油基漆类，沥青漆类，酚醛漆类，环氧漆类，乳胶漆（乳液），聚氨酯漆类	120±2
聚酯漆类，大漆	150±2
水性漆	160±2
聚酰亚胺漆类	180±2
有机硅漆类	在 1～2h 内，由 120℃升温到 180℃，再于 180±2℃下保温。
聚酯漆包线漆	200±2

3.计算方法

固体含量 X（%）按下式计算：

$$X = \frac{W_1 - W_2}{G} \times 100$$

式中：W_1—容器质量（g）；

　　　W_2—焙烘后容器和试样质量（g）；

　　　G—试样质量（g）。

（三）pH 值的测定

将乳液与蒸馏水 1：1（体积比）稀释后，在 25±1℃用 25 型酸度计按规定进行测定。

（四）粘度的测定

按 GB 2794—81《胶粘剂粘度测定法（旋转粘度计法）》进行粘度测定。

（五）钙离子稳定性的测定

在 10mL 刻度试管中，用滴管加入 5mL 乳液样品，然后加入 1mL 5%氯化钙溶液,摇匀后放置在试管架上,分别在 1h、24h、48h 后观察,如发现分层、沉淀、絮凝等现象,即为不合格。

(六)机械稳定性的检测

在 1000mL 搪瓷杯中加入 200g 用 120 目铜网过滤的乳液样品,将搪瓷杯放置在规定的分散机上,开动分散机,调整转速 4000rpm,0.5h 后,观察乳液是否磨坏或出现絮凝,如无明显的絮凝物,再用 120 目的铜网过滤,如没有或仅有极少量的絮凝物即为合格。

二、乳胶漆出厂指标分析

涂料产品出厂具有出厂指标,涂料检测指标应不低于该出厂指标。每个涂料产品的指标有些是必须检验的,如涂料的粘度、细度等物理力学性能指标;有些指标叫形式检验指标,耗时较长,如涂料的耐水、耐烟雾、耐老化等指标,需要定期检验,一般 2～3 个月抽检一次。

(一)涂料细度的检测

1.定义与内容

涂料的细度是表示涂料中所含颜料在漆中分散的均匀程度,以微米(μm)表示。涂料细度的优劣直接影响漆膜的光泽、透水性及储存稳定性。细度小,能使涂层平整均匀,对外观和涂饰性均能起到美化作用。由于品种不同,底漆和面漆所要求的细度不同,面漆细度一般要求 20～40μm,汽车类、电器类、装饰性面漆细度要求 10～20μm,底漆或防锈漆的细度可粗一些,一般在 40～80μm,某些高档汽车面漆和电器面漆甚至要求细度≤10μm。

2.测定工具

乳胶漆的细度一般采用刮板细度计进行测定。刮板细度计采用国家指定钢材制作(用不锈钢材质制作),用于测定涂料、漆浆、油墨和其他液体及浆状物中颜料及杂质颗粒大小和分散程度,从而控制被分散产品在生产、存储和应用中的质量,用于对被分散产品在生产、存储和应用过程中的细度检测,如油漆、塑料、颜料、印刷油墨、纸张、陶瓷、医药、食品等。刮板细度计的构造为一磨光的平板,由工具合金钢制成;板上有一沟槽,在槽边有刻度线,分为 0～50μm、0～100μm、0～150μm 等几种规格;另配有一刮刀,双刃均磨光。如图 2-15 所示。

图 2-15　刮板细度计

3. 测定方法

细度的测定按国家标准 GB 1724-89(79)进行，采用刮板细度计。采用此法的技巧为：

(1)根据不同涂料类型选用不同量程的细度计，可先用范围大的粗测。

(2)在测板上端滴入涂料样品 1~2g 左右，不要过多或过少。

(3)双手握住刮刀，使刮刀与磨光平板表面垂直接触，以适宜的速度由沟槽的深部向浅部拉过（一般用 3s 左右），使试样充满沟槽而平板上不留余漆。

(4)在阳光下迅速读数（不应超 5s），使视线与沟槽表面成 15~30°角，出现 3 个以上颗粒均匀显露处读数为准。读数法示例见图 2-16。

(5)细度计使用后必须用细软揩布蘸溶剂仔细擦洗，擦干。

测定细度的经验方法是目测少量涂料中含有的颗粒是否均匀。细度不合格的产品，很多是由颜料研磨不细、外界杂质进入及颜料返粗等情况所造成的，可返厂经过滤、研磨或降级使用。

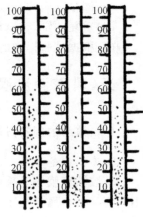

图 2-16 细度读数示例

(二)涂料粘度的检测

1. 定义与内容

涂料的粘度又叫涂料的稠度，是指流体本身存在的粘着力而产生流体内部阻碍其相对流动的一种特性。这项指标主要控制涂料的稠度，其直接影响施工性能，漆膜的流平性、流挂性。通过测定粘度，可以观察涂料储存一段时间后的聚合度，按照不同施工要求，用适合的稀释剂调整粘度，以达到刷涂、有气喷涂、无气喷涂所需的不同粘度指标。

2. 测定工具

乳胶漆粘度一般采用斯托默粘度计进行测定。斯托默粘度计是根据 GB/T9751-88 有关规定设计研制的。它主要适用于建筑涂料、水溶性涂料等涂料粘度的测定。斯托默粘度计如图 2-17 所示。

该仪器是利用砝码的重量产生一定的旋转力，经一传动系统带动桨叶型转子转动，调整砝码的重量，使桨叶克服被测涂料的阻力，使其转速达到 200rpm，从频闪计时器上能够观察出一个基本稳定的图像，此时砝码的重量，就可以转换为被测涂料的粘度值（KU 值）。KU 单位是产生 200rpm 转速所需负荷值的一种对数函数，一般用来表示建筑涂料和水溶性涂料的粘度。

图 2-17 斯托默粘度计

3.测定方法

(1)将涂料充分拌匀移入容器中,使涂料液面离容器杯口约 19mm,并使涂料温度保持 23±0.2℃。

(2)将容器放在活动支架上,调整活动支架,使转子浸入涂料中,使涂料液面刚好达到转子轴的标记处。

(3)调整砝码的克数(精确至 5g),使桨叶转速达到 200rpm。

(4)重复测定,直至得到一致的负荷值。

(5)根据试验得到的产生 200rpm 所必需的砝码的克数,从表中查得 KU 值。

三、乳胶漆涂膜性能分析

(一)漆膜的制备方法

1.漆膜制备工具

乳胶漆漆膜一般采用线棒涂布器进行制备。线棒涂布器由棒体金属丝组成。不同直径的金属丝绕于棒体构成不同规格的涂布器,制备乳胶漆漆膜的线棒涂布器一般有 80μm、100μm、120μm 三个规格。可制膜厚为 80μm、100μm、120μm 的湿膜。线棒涂布器如图 2-18 所示。

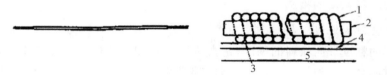

1.线;2.棒;3.试样;4.试板;5.工作台

图 2-18　线棒涂布器

2.漆膜制备方法

根据产品标准要求选择合适的线棒涂布器,涂料用量也就得到控制。先检查线棒丝缝是否有残留物,应清除干净。将底板放于平整的工作台上,取足够搅拌均匀的试样置于底板一端,使短边端部不留空隙并布放均匀。手持线棒涂布器沿着底板表面推动涂料向另一端匀速移动,涂布成均匀的涂膜。移动过程线棒勿转动及横向移动,除产品有特殊要求外一般应涂布两道,两道之间间隔时间应符合产品要求。若无要求则间隔应大于 4h。每完成一道涂布后应立即将试板四周多余的涂料刮除,并清除工作台上之涂料。每道涂布完成后应立即仔细清洗线棒涂布器上的残留物,并应擦干以备再用。涂布后涂层朝上水平放置。

3.漆膜的干燥

制备的漆膜应平放在恒温恒湿条件下,按产品标准规定的时间进行干燥。除另外规定外,一般自干漆在恒温恒湿条件下进行状态调节 48h;然后进行各种性能的检测。

(二)涂层光泽的检测

1.定义与内容

漆膜的光泽也叫光亮度,是指漆膜表面把投射在其上的光线向一个方向反射出来的能力。反射的光亮越大,则其光泽越高。涂料的光泽是鉴别涂层外观质量的一个主要性能指标,可分为高光、半光、蛋壳光和无光等,它们的光泽范围如表2-11所示。

表 2-11　乳胶漆光泽分类

光泽类型	等级(%)	光泽类型	等级(%)
高光泽	>70	平光	2~6
半光	30~70	无光	<2
蛋壳光	6~30		

2.检测仪器(WGG-60便携式镜像光泽计)

WGG-60便携式镜像光泽计功率小,测量精确,稳定性好,可靠性高,操作方便,无需调零。该检测仪器能够测量油漆、涂料、塑料、纸张、搪瓷、石材饰面等表面镜向光泽度。WGG-60便携式镜像光泽计如图2-19所示。

图 2-19　WGG-60便携式镜像光泽计

3.测定方法

(1)开机预热

按下仪器电源开关,同时使"测量/保持"按钮处于"测量"位置,使仪器预热2min。

(2)校标

把仪器的测量窗口置于黑色标准板上,仪器外壳上"V"标记对准标准板上的刻线。观察液晶显示窗口,待显示数据稳定后,再通过"校标"旋钮把数据调整到随机标准板所标定的数据。

(3)线性校正

随仪器配备的低光泽标准板是供用户测试仪器的线性度。经校标后的仪器放在低光泽标准板上,观察显示数据与低光泽标准值,它们之间的差值应在±1.2光泽单位范围内。

注：当高光泽测试数据低于标准值1.2光泽单位时，高光泽标准板表面可有污迹，可用镜头纸沾少量酒精擦去污迹，禁止干擦。待晾干后重新校标，再做线性校正。当低光泽测试数据低于标准值1.2光泽单位时，低光泽标准板表面可能有污迹，可用橡皮擦掉污迹，重新做线性校正。当环境温度太高或标准板受潮，也会引起仪器线性度超差。

（4）样品测量

经过校标、校正等步骤后，仪器就可以进行样品测量。将仪器窗口置于被测样板上，仪器显示数据即为样板的光泽度值。

（5）保持数据

本仪器有保持数据功能，在测量时待显示数据稳定后，按下"测量/保持"按钮，测量值就保持在显示屏上，再按该按钮就重新进行测量。

（三）涂层耐洗刷性的检测

1.定义与内容

乳胶漆涂层耐洗刷性反映了漆膜的牢固性。国家标准对内墙和外墙乳胶漆的耐洗刷性的要求如表2-12所示。

表2-12　国家标准对内外墙乳胶漆耐洗刷性的要求

涂料品种	单位	优等品	一等品	合格品
外墙乳胶漆	次	≥2000	≥1000	≥500
内墙乳胶漆	次	≥1000	≥500	≥200

2.检测仪器

乳胶漆涂层耐洗刷性采用耐擦洗测定仪进行测定。耐擦洗测定仪如图2-20所示。

图2-20　耐擦洗测定仪

3.测定方法

（1）试样底板的制备

底板：430mm×150mm×3mm洁净、干燥的玻璃板或其他材质的板。

涂底漆：在符合规定的底板上，单面涂一道C06-1铁红醇酸底漆，使其于105±

2℃下烘烤 30min,干漆膜厚度为 $30\pm2\mu m$。

涂面漆:在符合规定的板上,施涂待测试的建筑涂料。第一道涂布湿膜厚度为 $120\mu m$,第二道涂布湿膜厚度为 $80\mu m$;施涂时间间隔为 4h,涂完末道涂层使样板涂漆面向上,在温度为 23 ± 2℃、相对湿度为(50 ± 5)%的条件下干燥 7 天。

(2)试验

试验环境条件:涂层耐洗刷性试验应于 23 ± 2℃下进行。

试验操作程序:本试验对同一试样采用三块样板进行平行试验。将试验样板涂漆面向上,水平固定在洗刷试验机的试验台板上。将预处理过的刷子置于试验样板的涂漆面上,试板承受约 450g 的负荷(刷子及夹具的总重),往复摩擦涂膜,同时滴加(速度为每秒钟滴加约 0.04g)符合规定的洗刷介质,使洗刷面保持润湿。视产品要求,洗刷至规定次数后,从试样机上取下试验样板,用自来水清洗。

(3)试板检查与结果评定

试板检查:在散射日光下检查试验样板被洗刷过的中间长度 100mm 区域的涂膜。观察其是否破损露出底漆颜色。

结果评定:洗刷至规定次数,三块试板中至少有两块试板的涂膜无破损,不露出底漆颜色,则认为其耐洗刷性合格。

(四)涂料涂层对比率的检测

1.定义与内容

在规定反射率的黑底材和白底材上漆膜反射率之比,以小数或百分数表示,是一种评定遮盖力的较为精确的仪器方法,不同于传统的遮盖力的目测评定方法,其测定结果可排除人为主观因素。它适用于白色和浅色漆,在建筑涂料产品中应用较多。比较对比率应在同一膜厚条件下进行。常用选定湿膜厚度为 $100\mu m$ 作对比率测定膜厚的基准。对比率的测定对于涂料质量控制是十分重要的。

2.检测仪器(C84-Ⅲ反射率测定仪)

C84-Ⅲ反射率测定仪可用于涂料、颜料、油墨等化工行业,用于测定漆膜遮盖力的测定。反射率测定仪如图 2-21 所示。

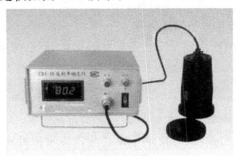

图 2-21　C84-Ⅲ反射率测定仪

3.测定方法

（1）漆膜的制备

以聚酯薄膜为底材制备涂膜,在至少 6mm 厚的平玻璃板上滴几滴 200 号溶剂油（或其他适合的溶剂）,将聚酯薄膜铺展在上面。其润湿程度以能借助 200 号溶剂油的表面张力使聚酯薄膜贴在玻璃板上为宜,不能弄湿聚酯薄膜的上表面,也不应在聚酯薄膜与玻璃板之间夹杂气泡,必要时可用一洁净的白绸布将气泡消除。将试样搅拌均匀,以破坏任何触变性结构,但不应产生气泡,立即在聚酯薄膜一端沿端线倒上 2～4mL 乳胶漆,用 100μm 线棒涂布器匀速刮涂,使其铺展成均匀涂层,在水平条件下干燥,干燥时间取决于产品标准的规定。

（2）试板的状态调节

在进行反射率的测定之前,应使干燥了的涂好漆的聚酯薄膜在 23±2℃ 和相对湿度（50±5）％的条件下至少养护 24h,但不应超过 168h。

（3）测定

把探头与电控箱连接,同时接上电源,开机预热 10～15min。此时应把探头放在黑色标准板上为佳。把探头放在黑色标准板上,调整主机上的校零旋钮,使主机数字显示为 0000.0,允许变动±0.1。把探头放在白色标准板上,调整主机的校标旋钮,使主机显示的数值与白色标准板的标定值一致。允许变动±0.1,反复调整一次（校零、校标）。

测量 R_B 值:把探头移至放有试样的黑色工作陶瓷板上,显示器所显示数值即为 R_B 值。

测量 R_W 值:把探头移至放有试样的白色工作陶瓷板上,显示器所显示的数值即为 R_W 值。

（4）结果表示

乳胶漆涂膜对比率以涂膜在黑板上与白板上（或黑纸与白纸）的平均反射率之比表示,公式为:

$$对比率（遮盖率）=\frac{R_B}{R_W}\times100\%$$

式中:R_B—涂膜在黑板上的平均反射率;

　　　R_W—涂膜在白板上的平均反射率。

平行测定两次,如两次测定结果之差不大于 0.02,则取两次测定结果的平均值。

任务实施

1. 问题思考

（1）乳胶漆的出厂检测指标有哪些？ 分别如何测定？

（2）乳胶漆的耐擦洗性能、对比率等指标对产品的使用性能有何影响？

2. 主导任务

根据乳胶漆优化方案,完成相关指标的分析并完成分析结果汇总表。

分析结果汇总表

出厂指标检测			
产品粘度		产品细度	

漆膜性能检测	
对比率测定方法描述	
对比率测定结果	
光泽度测定方法描述	
光泽度测定结果	
耐擦洗测定方法描述	
耐擦洗测定结果	

项目三 皮革手感剂复配工艺优化技术

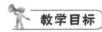 **教学目标**

专业能力目标

通过本部分内容的学习和工作任务的训练,能利用图书馆、数据库等资源进行文献、资料查阅,完成皮革手感剂复配工艺条件的优化方案设计,将方案付诸实施,并能正确收集和处理实验数据。

知识目标

(1)了解乳皮革助剂特点以及在精细化工中的应用;

(2)了解皮革助剂精细化工产品的发展趋势;

(3)掌握皮革手感剂的制备方法;

(4)掌握皮革手感剂复配工艺优化方案的设计;

(5)掌握皮革手感剂分析方法及评价方法;

(6)了解乳化剂用量、热去离子水滴加方式、滴加时间等因素对皮革手感剂性能的影响;

(7)掌握正交实验数据的处理方法。

方法能力目标

(1)具有信息检索能力;

(2)具有信息加工和数据处理能力;

(3)具有自我学习和自我提高能力;

(4)具有发现问题、分析问题和解决问题的能力;

(5)具有一定的实验优化设计能力。

社会能力目标

(1)具有团队精神和与人合作能力;

(2)具有与人交流沟通能力;

(3)具有较强的表达能力。

工作任务

在查阅文献的基础上,完成皮革手感剂复配工艺条件的优化方案设计,并将方案付诸实施。

任务一　皮革手感剂的制备

工作任务

在查阅文献的基础上,了解皮革手感剂及相关原料的特点、性质及用途,掌握制备皮革手感剂方法等。

任务分析

通过任务实施,完成如下几个工作内容,为后续任务的实施奠定基础:

(1)通过资料查阅,了解皮革手感剂及相关原料的特点、物理化学性质等。

(2)通过资料查阅,了解皮革精细化学品的应用及发展趋势。

(3)通过资料查阅,与其他同学交流,掌握皮革手感剂的制备工艺,并完成任务实施部分中的相关内容。

技术理论

一、皮革助剂基本知识

在现代制革工业中,每个阶段都要使用各种不同的助剂。其用量虽然不大,但因其不同于其他化工材料的特殊性能,它的使用不仅可以提高皮革产品的质量和性能,而且还可简化生产过程,缩短生产周期,降低其他材料的用量和能耗,甚至有些助剂的使用可以减少或消除污染物的排放,因此制革助剂的使用具有较大的经济效益和社会效益。近10年来,制革助剂的开发和应用得到了较大的发展,其生产和使用逐渐由"借用型"转向"专用型",特别是国外各大皮革化工公司都开发了一系列制革助剂产品,并迅速地在制革工业中得到了广泛的应用。皮革助剂主要用于填充、快速浸水、助软、分离纤维、脱脂、软化、靴制、中和、染色、加脂、涂饰等工艺过程中,具有润湿、扩散、乳化、助靴、固色、匀染、防染、防霉、防水、防油、防污、抗静电、改进手感等功能,有的还兼具几种功能。按制革工艺流程中的顺序、名称以及制革助剂本身所具有的功能来分,皮革助剂主要分以下几类:通用型助剂(表面活性剂)、防腐剂、防霉剂、浸水(脱毛)助剂、浸灰助剂、脱灰助剂、软化助剂、浸酸助剂、靴制助剂、加脂助剂、染色助剂、涂饰助剂等。主要的几种皮革助剂有表面活性剂、光亮剂、手感剂。

(一)表面活性剂

表面活性剂是一种重要的化工材料,被称为"工业味精"。在制革生产中主要利用它的润湿、乳化、分散、渗透、匀染、固色等作用来促进或改善各制革工序的物理与化学作用,从而达到缩短生产时间、节约化工材料、提高生产效率、改进成革质量的目的。制革生产中几乎所有的湿加工工序和整饰工序均使用表面活性剂以提高加工效果。

随着皮革工业和表面活性剂工业的发展,表面活性剂在皮革工业上的应用将进一步加强。今后表面活性剂的开发方向为:

(1)生物降解性能好、作用温和,在使用过程中能促进其他材料的渗透、吸收和固定的环保型的表面活性剂。

(2)利用复配技术使表面活性剂产生良好的协同效应,从而提高其乳化、分散、润湿性能。

(3)具有多种功能和特殊功能的表面活性剂。

(二)光亮剂

皮革光亮剂作为皮革顶层涂饰材料,对皮革制品的外在观感、卫生性能及物理——机械性能有着至关重要的影响。近年来,特别是从 80 年代末开始,国内外制革工作者对皮革光亮剂的研究做了大量的工作,使皮革光亮剂的品种、数量不断增加,力学性能、卫生性能、机械性能、耐光和耐候等性能都得到了进一步的提高。皮革光亮剂的种类主要有:酪素光亮剂、硝化纤维素光亮剂、丙烯酸树脂光亮剂、聚氨酯类光亮剂以及含蜡含硅类皮革光亮剂。

酪素光亮剂是制革生产中使用较早且目前仍在大量应用的皮革光亮剂,其在小牛皮、小羊皮制成的高档皮革中具有不可替代的作用,但酪素的成膜性差,薄膜硬脆,延伸性小,亲水性强,使成革在耐折、耐湿擦方面的性能较差。

硝化纤维素光亮剂在皮革上的应用始于 20 世纪 20 年代,分为溶剂型和水溶型两大类。近年来国内外研究较多的主要集中在以下几个方面:以醋酸丁酸纤维酯代替硝化纤维,或在硝化纤维中加入活性增塑剂,以及对硝化纤维进行改性,从而在一定程度上改善硝化纤维的某些性能。

丙烯酸树脂类光亮剂具有粘着力强,形成的薄膜柔曲性好,延伸性大,并且丙烯酸树脂乳液的稳定性好,使用方便,但丙烯酸树脂类光亮剂的光亮度不及酪素类和聚氨酯类光亮剂,但因制造丙烯酸树脂的原料易得且丰富,制造方法简单经济,因此,丙烯酸树脂类光亮剂是一类较有发展前途的光亮剂。

聚氨酯光亮剂可使成革表面光亮平滑、耐水、耐摩擦、耐寒、耐曲折、耐有机溶剂,是目前国内使用较多的一种光亮剂,其分为溶剂型和水溶型两大类。

另外,在皮革光亮剂方面还有蜡乳液和有机硅。很早以前,蜡在皮革涂饰中已有应用,常用的有植物蜡、动物蜡、矿物蜡等,在涂饰中加入蜡乳液可增加涂层的光泽、平滑性,以及改善成革的手感,提高涂层的耐热性。蜡乳液在改善丙烯酸树脂类光亮剂方面有独到之处。

(三)手感剂

手感是衡量成革质量的重要感官之一。涂饰后皮革的手感问题涉及的因素很多,决定皮革手感的关键为复鞣和干燥定型阶段,但整饰阶段起到不可忽视的辅助作用。在整饰阶段除了在整饰工艺和操作上需注意外,涂饰剂中适当添加一些手感剂,也会对改善成革手感产生明显的效果。手感剂的应用愈来愈受到皮革生产厂家的重视,国外生产的手感剂品种多、质量好,能够显著地提高皮革质量档次;国内近几年也开发了一些手感剂,但是品种仍然很少,质量也远不如国外产品。常见的手感剂有蜡感剂、滑爽剂、柔软剂等。蜡作为手感材料一般是做成水包油型的蜡乳液,用于皮革的底层、中层、顶层涂饰中。在底层涂饰中蜡除了起到遮盖作用外,更重要的是使成革粒面的手感变好,还可以防止涂饰剂中的树脂过度地渗透使成革手感变硬,同时对皮革还有微加脂的作用;在中层涂饰中蜡对皮革手感的影响虽没有对底层的大,但可以在皮革熨平时起到防止粘板的作用;蜡用于顶层涂饰后,皮革会产生滋润性的蜡感或腻滑兼具的手感,同时具有一定的吸汗、微粘的感觉。

二、皮革手感剂主要原料

蜡是有机化合物的复杂混合物,不同的蜡,其化学成分和物理性质都不同。不同性质的蜡在皮革应用中发挥着不同的作用,但主要是以皮革涂饰剂和加脂剂的形式应用到皮革中,不仅可以提高皮革产品的质量,对于研究开发新型皮革产品也发挥了重要作用。如皮革涂饰用蜡不仅能使皮革表面美观,还能提高皮革的使用性能,遮盖皮革表面缺陷,修正粒面瑕疵,增加皮革花色品种。皮革加脂蜡则可使皮革柔软、丰满、耐折、富有弹性、还能提高皮革的抗张强度和防水性。

(一)皮革用蜡的来源

1.天然蜡

天然蜡按其来源,可分为动物蜡、植物蜡和矿物蜡。天然蜡及其蜡乳液可作为皮革的光亮剂、加脂剂及防水剂。高分子的石蜡填充在皮革纤维之间,会产生润滑与防水的作用,而且赋予皮革有良好的丰满性。然而,天然蜡中的双键数量较多,易于氧化和形成自由基,所以其作为皮革加脂剂时会导致皮革耐光性较差。另外,天然蜡作为防水剂,会影响皮革的手感和透气性,用其处理过的皮革易干枯和断裂。

2.合成蜡

合成蜡是具有固定化学、物理性质的化合物。它们具备各种天然蜡的主要特性,同时具有许多超过天然蜡的突出优点。合成蜡通常能与天然蜡以任何比例混合,并能与大多数其他组分完全调和并具备特定的用途。它主要有氯化石蜡、合成酯蜡、合成硅蜡、合成氟蜡、合成酰胺蜡。合成蜡主要是以皮革加脂剂、皮革涂饰剂的形式应用于皮革中。目前,美国霍尼韦尔公司、微粉公司、陆博润公司及道康宁公司等大量生产合成蜡。这些合成蜡公司垄断了我国合成蜡的市场,现在国内还没有任何一家公司在合成蜡研究、生产及销售方面可以与国外公司相抗衡。这些合成蜡在我国销售范围广、售价高,而且还常常不能保证货源,导致我国用户经常无米下锅,给生产造成极大的经济损失。

(二)皮革用蜡的存在方式

1.乳化蜡

蜡乳液是由天然蜡和合成蜡单混或共混制得的水乳液。低熔点的蜡乳液可赋予皮革表面蜡感,适度封闭粒面伤残,还可改善皮革堆积性,防熨烫或压花时粘板。熔点较高的蜡乳液能赋予皮革高的光泽和极好的透明度,能用于苯胺涂饰。

2.微粉蜡

微粉蜡是平均粒径介于 $4\sim40\mu m$ 的系列产品,外观呈白色粉末状,用在皮革中具有抗划伤、耐磨、抗粘连、耐抛光、滑爽、摩擦系数低等特性,还有良好的消光性能。

三、皮革手感剂制备工艺

(一)皮革手感剂配方

皮革手感剂的配方如表 3-1 所示。

表 3-1　皮革手感剂配方

组分	用量(g)
蜡	4.48
乳化剂 T-8	4.8
乳化剂 S	1.81
水	100
合计	111

(二)制备工艺

在 250mL 四口烧瓶中称取蜡 4.48g,乳化剂 T-8 4.8g,乳化S 1.81g 在水浴条件下搭好装置,水温保持在 80℃ 左右,待原料熔融后开动搅拌器,搅拌速度 100rpm 左右,搅拌 30min;待四口烧瓶内原料温度达 80～85℃ 后,滴加 80～85℃ 去离子水 100g;滴加完后,于 80～85℃ 保温 1h;然后关掉加热,换冷水将水浴温度降至 50℃ 左右,再搅拌 30min;最后换冷水浴降至常温后,过滤出料。

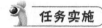

1.问题与思考

(1)常用的皮革助剂有哪些？各有什么用途？

(2)皮革手感剂的制备过程为一乳化过程,乳化过程的原理是什么？

2.主导任务

指出如下给定配方中各组分的作用,并按照配方完成皮革手感剂的制备：

组分	用量(g)	作用
蜡	10.2	
乳化剂 OP-10	4.8	
乳化剂 S	1.81	
水	100	
合计	117	

任务二　皮革手感剂复配工艺优化

工作任务

在查阅文献的基础上,分析影响皮革手感剂的主要因素,利用正交试验法优化皮革手感剂的复配工艺。

任务分析

通过任务实施,完成如下几个工作内容,为后续任务的实施奠定基础：

(1)通过资料查阅,了解影响皮革手感剂的主要因素。

(2)根据影响因素分析,进行正交试验设计。

(3)将试验方案付诸实施,对皮革手感剂的复配工艺进行优化。

技术理论

一、皮革手感剂的主要影响因素

(一)乳化剂种类及用量的影响

皮革手感剂的主要成分是乳化蜡。乳化蜡是一种含水和蜡的均匀流体,蜡组分以微小液滴的状态均匀分散于水中,乳化剂的种类和用量对体系的稳定性具有决定性的影响。

　　由于表面活性剂的作用,使本来不能互相溶解的两种液体能够混到一起的现象称为乳化现象,具有乳化作用的表面活性剂称为乳化剂。加入表面活性剂后,由于表面活性剂的两亲性质,使之易于在油水界面上吸附并富集,降低了界面张力。界面张力是影响乳状液稳定性的一个主要因素。因为乳状液的形成必然使体系界面积大大增加,也就是对体系要做功,从而增加了体系的界面能,这就是体系不稳定的来源。因此,为了增加体系的稳定性,可减少其界面张力,使总的界面能下降。由于表面活性剂能够降低界面张力,因此是良好的乳化剂。乳化机理如图 3-1 所示。

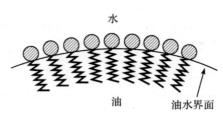

图 3-1　乳化机理

　　表面活性剂的一个重要特性是 HLB 值。HLB 是指一个两亲物质的亲水与亲油平衡值。一般情况下,疏水链越长,HLB 值就越低,表面活性剂在油中的溶解性就越好;亲水基团的极性越大(尤其是离子型的基团),或者是亲水基团越大,HLB 值就越高,则在水中的溶解性越高。当 HLB 为 7 时,意味着该物质在水中与在油中具有几乎相等的溶解性。表面活性剂的 HLB 值在 1～40 范围内。表面活性剂的 HLB 与溶解性之间的关系对表面活性剂自身是非常有用的,它还关系到一个表面活性剂是否适合作为乳化剂。HLB>7 时,表面活性剂一般适合制备 O/W 乳浊液;而 HLB<7 时,则适合制造 W/O 乳浊液。在水溶液中,HLB 高的表面活性剂适合作清洗剂。在表 3-2 中列出了不同 HLB 值及其适用性。

表 3-2　HLB 值及其适用性

HLB 值	适用性	HLB 值	适用性
1.5～3	消泡剂	8～18	O/W 型乳化剂
3.5～6	W/O 型乳化剂	13～15	洗涤剂
7～9	润湿剂	15～18	溶化剂

(二)热去离子水滴加方式

热去离子水的滴加方式对产品的稳定性具有一定的影响,可以采用不同的滴加方式。

滴加方法 1:滴加分为三个阶段,第一个 1/3 时间滴加 20g 热去离子水,第二个 1/3 时间滴加 30g 热去离子水,第三个 1/3 时间滴加 50g 热去离子水。共 40min/1.5h/2.5h 滴加完毕,各阶段保证匀速滴加。

滴加方法 2:滴加分为三个阶段,第一个 1/3 时间滴加 20g 热去离子水,中间 1/3 时间不滴加去离子水,最后 1/3 时间滴加 80g 热去离子水。共 40min/1.5h/2.5h滴加完毕,各阶段保证匀速滴加。

滴加方法 3:整个过程保持匀速滴加 100g 热去离子水,共 40min/1.5h/2.5h 滴加完毕。

(三)热去离子水滴加时间

热去离子水的滴加时间对产品的稳定性具有一定的影响,可以采用 40min、1.5h、2.5h 三个不同的滴加时间。

二、正交试验设计

(一)概述

在科学研究、生产运行、产品开发等实践中,考察的因素往往很多,而且每个因素的水平数也很多,此时如果对这些因素的每个水平数可能构成的一切组合条件均逐一进行试验,即进行全面试验。试验次数就相当多。例如考察 4 个因素,每个因素有 3 个水平数,则进行全面试验共需进行 81 次试验。又例如考察 7 个因素,每个因素有 2 个水平数,则进行全面试验共需进行 128 次,可见全面试验次数多,所需费用高,所耗时间长。

对多因素试验,人们一直在试图解决以下两个矛盾:全面试验次数多与实际可行的试验次数小之间的矛盾;实际所做的次数试验与全面掌握内在规律之间的矛盾。也就是说,人们一直在寻找一种多因素试验设计方法,这种方法必须具有以下特点:试验次数小;所安排的试验点具有代表性;所得到的试验结论可靠合理。正交试验设计,就是利用事先制好的特殊表格——正交表来科学地安排试验,并进行试验数据分析的一种方法。正交表是正交试验设计法中合理安排试验,并对数据进行统计分析的一种特殊表格,常用的正交表有 $L_4(2^3)$、$L_8(2^7)$、$L_9(3^4)$、$L_8(4\times 2^4)$、$L_{18}(2\times 3^7)$ 等。正交表的代表符号为 L,代表符号后面的各个数字的含义如图 3-2 和表 3-3 所示。

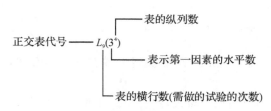

图 3-2   正交表符号的含义

表 3-3 $L_9(3^4)$ 正交表

试验号	列号			
	1	2	3	4
1	1	1	3	2
2	2	1	1	1
3	3	1	2	3
4	1	2	2	1
5	2	2	3	3
6	3	2	1	2
7	1	3	1	3
8	2	3	2	2
9	3	3	3	1

（二）正交试验设计过程

利用正交表来安排试验时，一般要遵守如下原则。

1. 明确试验目的，确定评价指标

评价指标有时只有一个，有时可能有多个。例如，对某种含浊度水进行处理，处理后水的浊度即为评价指标。又比如说，对某种含有 Cr^{6+}、Pb^{2+} 等两种重金属离子的废水进行处理，则处理水的 Cr^{6+} 浓度与 Pb^{2+} 浓度即为评价指标，这个例子中评价指标有两个，为多指标试验。

2. 选因素

影响试验指标的因素很多，由于试验条件的限制，不可能逐一或全面地加以研究，因此要根据已有的专业知识及有关文献资料和实际情况，固定一些因素子最佳水平，排除一些次要的因素，而挑选一些主要因素。但是，对于不可控因素，由于测不出因素的数值，因而无法看出不同水平的差别，也就无法判断该因素的作用，所以不能被列为研究对象。对于可控因素，考虑到若是丢掉了重要因素，可能会影响试验结果，不能正确全面地反映事物的客观规律，而正交试验设计法正是安排多因素试验的有力工具。当因素较多时，除非事先根据专业知识或经验等，能肯定某因素作用很小而不选取外，对于凡是可能起作用或情况不明或看法不一的因素，都应当选入而进行考察。

3.确定各因素的水平

因素的水平分为定性与定量两种。水平的确定包含两个含义,即水平个数的确定和各个水平数量的确定。对于定性因素,要根据试验具体内容,赋予该因素每个水平以具体含义。定量因素的量大多是连续变化的,这就要求试验者根据相关知识、经验或者文献资料,首先确定该因素的数量变化范围,而后根据试验的目的及性质,并结合正交表的选用来确定因素的水平数和各水平的取值。每个因素的水平数可以相等,也可以不等,重要因素或特别希望详细了解的因素,其水平可多一些,其他因素的水平可以少一些。如果没有特别重要的因素需要详细考察的话,要尽可能使因素的水平数相等,以便减小试验数据处理工作量。

例如要考察硫酸铝、三氯化铁、聚合硫酸铝等四种药剂在不同投加量下对某种污水中悬浮物的去除效果,那么药剂种类即为一定性因素,它有三个水平,分别为硫酸铝、三氯化铁、聚合硫酸铝。药剂投加量是一个定量因素,假设也选为三个水平,每个水平的值可根据相关专业知识选定为 $6mg/L$、$25mg/L$ 和 $45mg/L$。

4.制定因素水平表

根据上面选取的因素及因素的水平的取值,制定一张反映试验所要考察研究的因素及各因素的水平的"因素水平综合表"。该表在制定过程中,对于每个因素用哪个水平号码,对应于哪个量可以随机地任意确定。一般讲最好是打乱次序安排,但一经选定之后,试验过程中就不能再变了。

5.选择合适的正交表

常用的正交表较多,有几十个,可以灵活选择。应注意的是,选择正交表与选择因素及其水平是相互影响的,必须综合考虑,而不能将任何一个问题孤立出来。选择正交表时一般需考虑以下两个方面的情况:

(1)所考察因素及其水平的多少。选用的正交表,要能容纳所研究的因素数和因素的水平数,在这一前提下,应选择试验次数最小的正交表。

(2)考虑各因素之间的交互作用。一般说来,两因素的交互作用通常都有可能存在,而三因素的交互作用在通常情况下可以忽略不计。

6.确定试验方案

根据制定的因素水平表和选定的正交表来安排试验时,一般原则如下:

(1)如果各因素之间无交互作用,按照因素水平表中固定下来的因素次序,顺序地放到正交表的纵列上,每一列放一种因素。

(2)如果不能排除因素之间的交互作用,则应避免将因素的主效应安排在正交表的交互效应列内,以妨碍对因素主效应的判断。

(3)把各因素的水平按照因素水平表中所确定的关系,对号入座后,试验方案随即确定。

7.正交试验结果的直观分析

正交试验结果的直观分析与正交试验结果的方差分析相比,具有计算量小、计算简单、分析速度快、一目了然等特点,但分析结果的精确性与严密性相对于方差分析来说稍差。直观分析主要可以解决以下两个问题:

(1)确定最佳水平组合。该问题归结为找到各因素分别取何水平时,所得到的试验结果会最好。

(2)确定影响因素的主次顺序。该问题归结为将所有影响因素按其影响的大小进行排队,采用的是极差分析法。某个因素的极差定义为该因素的最大水平均值与最小水平均值之差。很显然,极差大表明该因素影响大,是主要因素;极差小说明该因素的影响小,为次要因素。必须注意的是,根据直观分析得到的主要因素不一定是影响显著的因素,次要因素也不一定是影响不显著的因素,因素影响的显著性需通过方差分析确定。

三、皮革手感剂测试指标

(1)含固量:9.0%~11.0%,称取样品于培养皿,放入烘箱在105℃烘 3h。

(2)离心稳定性:3000rpm,15min、30min 分别观察其稳定性,是否分层。

(3)热稳定性:取约 15mL 样品煮沸 15min,观察样品稳定性。

(4)低温稳定性:置于 5℃冰箱中 12h 以上,观察样品稳定性。

任务实施

1. 问题与思考

(1)影响产品稳定性的关键因素是什么?

(2)皮革手感剂的主要用途有哪些?

(3)乳化剂是如何起乳化作用的?

2. 主导任务

优化皮革手感剂的乳化工艺,重点优化乳化剂用量、热水滴加方法和滴加时间三个影响因素,固定两种乳化剂的比例为 2.65:1,乳化剂用量选取统一为 6.5g、7g 和 7.5g 三个水平,滴加方式采用上述的三种方式,滴加时间选取 40min、1h 和 1.5h 三个水平。利用正交试验法对整个优化方案进行设计。热去离子水滴加时间:40min/1.5h/2.5h。

序号	因素一	因素二	因素三	测试结果
1				
2				
3				
4				
5				
6				
7				

项目四　反应器设计与优化技术

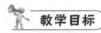 **教学目标**

专业能力目标

　　通过本部分内容的学习和工作任务的训练,能利用图书馆、数据库等资源进行文献、资料查阅,掌握间歇釜式反应器、固定床反应器、气液反应器等常见反应器的设计和优化方法,并能对简单问题进行反应器的优化和设计。

知识目标

　　(1)了解间歇釜式反应器的特点以及在精细化工中的应用;

　　(2)了解固定床反应器的特点以及在精细化工中的应用;

　　(3)了解流化床反应器的特点以及在精细化工中的应用;

　　(4)了解气液反应器的特点以及在精细化工中的应用;

　　(5)理解常见反应器优化和设计的数学方法。

方法能力目标

　　(1)具有信息检索能力;

　　(2)具有信息加工和数据处理能力;

　　(3)具有自我学习和自我提高能力;

　　(4)具有发现问题、分析问题和解决问题的能力;

　　(5)具有一定的利用数学方法优化设计能力。

社会能力目标

　　(1)具有团队精神和与人合作能力;

　　(2)具有与人交流沟通能力;

　　(3)具有较强的表达能力。

工作任务

　　在查阅文献的基础上,完成常见反应器的优化和设计,并将方案付诸实施。

任务一　间歇操作釜式反应器设计与优化

工作任务

在查阅文献的基础上，了解间歇釜式反应器的特点及其在精细化工中的应用，掌握间歇釜式反应器的优化和设计方法。

任务分析

通过任务实施，完成如下几个工作内容：
(1)通过资料查阅，了解间歇釜式反应器的特点及应用等内容；
(2)通过资料阅读，掌握间歇釜式反应器的优化和设计方法；
(3)通过与其他同学交流，能简单应用间歇釜式反应器的优化与设计方法。

技术理论

一、间歇釜式反应器选择

在化工生产过程中，釜式反应器是一种最为常见、最具有代表性的反应器，它是一种低高径比的圆筒形反应器，用于实现液相、液—液、气—液、液—固、气—液—固等化学反应过程。该反应器操作灵活，适应不同操作条件和产品品种，适用于小批量、多品种、反应时间较长的生产过程，故广泛应用于石油、化工、橡胶、农药、染料、医药、食品等领域，用来完成硫化、硝化、氢化、烃化、聚合、缩合等反应过程。

(一)釜式反应器结构

釜式反应器由釜体、搅拌、密封、换热等装置构成。结构如图 4-1 所示。

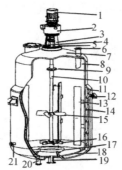

1.电动机；2.减速机；3.机架；4.人孔；5.密封装置；6.进料口；7.上封头；8.筒体；
9.联轴器；10.搅拌轴；11.夹套；12.载热介质出品；13.挡板；14.导流板；15.搅板器；
16.径向流搅拌器；17.气体分布器；18.下封头；19.出料口；20.载热介质进口；21.气体进口

图 4-1　釜式反应器结构

(二)搅拌器

搅拌器类型主要有桨式、推进式、涡轮式和锚式等。搅拌器在搅拌反应设备中应用最为广泛,据统计约占搅拌器总数的75%～80%。各类搅拌器如图4-2所示。

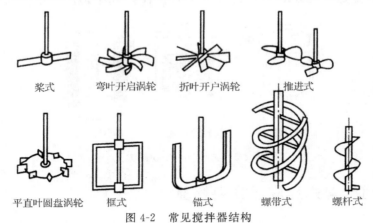

图 4-2　常见搅拌器结构

(三)流体的流动形态

流体在反应釜中主要有三种基本流动形式:径向流、轴向流和切向流。轴向流与径向流对混合起主要作用。流动形式取决于搅拌器类型、搅拌器安装方式、釜体及内部构件几何特征、流体性质、搅拌器转速等因素。各种流动形式如图4-3和图4-4所示。

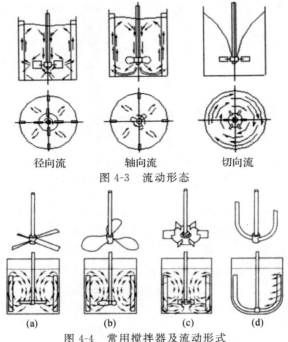

图 4-3　流动形态

图 4-4　常用搅拌器及流动形式

(四)换热装置

换热装置是用来加热或冷却反应物料,使之符合工艺需要的温度条件的设备。其结构形式主要有夹套式、蛇管式、列管式等。各类换热装置如图4-5所示。

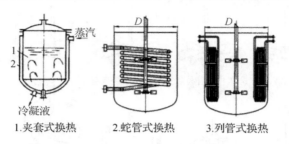

1.夹套式换热　　2.蛇管式换热　　3.列管式换热

图 4-5　常见反应釜换热方式

二、间歇釜式反应器物料衡算

间歇反应操作是指物料一次投入反应器,待反应完成后,物料一次卸出的操作过程。生产时间包括反应时间和辅助时间(进料、出料、加热、冷却、清理、维护等耗时)。过程为非定态,反应过程反应物浓度随反应时间增加而变小,而产物浓度增加。由于剧烈搅拌,反应器内物料浓度达到分子尺度上的均匀,且反应器内浓度处处相等,因而排除了物质传递对反应的影响;具有足够强的传热条件,温度始终相等,无需考虑反应器内的热量传递问题;物料同时加入并同时停止反应,所有物料具有相同的反应时间。

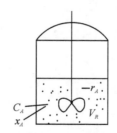

图 4-6　间歇釜式反应器物料平衡

$$
\begin{Bmatrix} \Delta t \text{ 时间内} \\ \text{进入反应器} \\ \text{中物料 } A \text{ 的量} \end{Bmatrix} = \begin{Bmatrix} \Delta t \text{ 时间内} \\ \text{排出反应器} \\ \text{的物料 } A \text{ 的量} \end{Bmatrix} + \begin{Bmatrix} \Delta t \text{ 时间内} \\ \text{由于反应而} \\ \text{消失的 } A \text{ 的量} \end{Bmatrix} + \begin{Bmatrix} \Delta t \text{ 时间内在} \\ \text{反应器中物料} \\ A \text{ 的累积量} \end{Bmatrix} \quad (4\text{-}1)
$$

由式(4-1)得,间歇反应釜物料衡算式为:

$$ 0 = 0 + (-r_A)V_R dt + dn_A \quad (4\text{-}2) $$

变换式(4-2)得:

$$ -r_A = \frac{-dn_A}{V_R dt} \quad (4\text{-}3) $$

另外，
$$n_A = C_A V_R \tag{4-4}$$
$$C_A = C_{A0}(1 - x_A) \tag{4-5}$$

对于恒容反应，将式（4-4）和式（4-5）代入（4-3）可得：

$$\frac{\mathrm{d}n_A}{V_R \mathrm{d}t} = \frac{\mathrm{d}C_A}{\mathrm{d}t} = \frac{\mathrm{d}[C_{A0}(1 - x_A)]}{\mathrm{d}t} = -C_{A0}\frac{\mathrm{d}x_A}{\mathrm{d}t} \tag{4-6}$$

将式（4-6）进行积分得：

$$t = -\int_0^{x_A} \frac{\mathrm{d}C_A}{(-r_A)} = C_{A0}\int_0^{x_A} \frac{\mathrm{d}x_A}{(-r_A)} \tag{4-7}$$

恒温、恒容条件下，k 为常数，将反应动力学方程代入式（4-7），即可得到间歇釜式反应过程反应时间与转化率（浓度）的关系。如表 4-1 所示。

表 4-1　间歇反应过程反应时间与转化率（浓度）关系

化学反应	反应动力学方程	恒算式	积分形式
$A \rightarrow P$（零级）	$-r_A = k$	$t = -\int_0^{x_A} \frac{\mathrm{d}C_A}{k}$	$kt = C_{A0} - C_A = C_{A0}x_A$
$A \rightarrow P$（一级）	$-r_A = kC_A$	$t = -\int_0^{x_A} \frac{\mathrm{d}C_A}{kC_A}$	$kt = \ln\frac{C_{A0}}{C_A} = \ln\frac{1}{1-x_A}$
$A \rightarrow P$（二级）	$-r_A = kC_A^2$	$t = -\int_0^{x_A} \frac{\mathrm{d}C_A}{kC_A^2}$	$kt = \frac{1}{C_A} - \frac{1}{C_{A0}} = \frac{1}{C_{A0}}\left(\frac{x_A}{1-x_{A0}}\right)$
$A + B \rightarrow P$（二级）	$-r_A = kC_A C_B$	$t = -\int_0^{x_A} \frac{\mathrm{d}C_A}{kC_A C_B}$	$kt = \frac{1}{C_{B0} - C_{A0}}\ln\frac{C_B C_{A0}}{C_A C_{B0}}$ $= \frac{1}{C_{B0} - C_{A0}}\ln\frac{1-x_B}{1-x_A}$

三、间歇釜式反应器反应过程的热量衡算

化学反应过程一般都有热效应。对于间歇操作的釜式反应器而言，要做到等温是比较困难的，化学反应通常要求温度随着反应进程有一个适当的分布，此时就需要根据反应特性在操作过程中适当调节冷却、加热介质的流量，以获得较好的反应效果。因此研究釜式间歇操作的热平衡问题具有重要的实际意义。为了讨论问题简单化，这里主要讨论等温操作。间歇釜式反应器中的热量恒算如下表示：

$$\begin{bmatrix} \Delta t \text{ 时间内物料} \\ \text{带入反应器的热量} \end{bmatrix} + \begin{bmatrix} \Delta t \text{ 时间内} \\ \text{反应产生的热量} \end{bmatrix} = \begin{bmatrix} \Delta t \text{ 时间内物料} \\ \text{带走反应器的热量} \end{bmatrix} +$$

$$\begin{bmatrix} \Delta t \text{ 时间内物料} \\ \text{传给环境的热量} \end{bmatrix} + \begin{bmatrix} \Delta t \text{ 时间内反应} \\ \text{器内积累的热量} \end{bmatrix}$$

$$0 + (-\Delta H_A)(-r_A)V_R\Delta t = 0 + K_A(T - T_S)\Delta t + m_t C_{pt}\Delta T\Delta t \tag{4-8}$$

式中：C_{Pt} 为混合物的恒压摩尔热容（kJ/mol・℃）；

反应器中反应放出的热量：$(-\Delta H_A)(-r_A)V_R\Delta t$；

反应器传向环境的热量：$K_A(T - T_S)\Delta t$；

反应过程为恒温恒容：$m_t C_{pt}\Delta T\Delta t = 0$；

$$(-\Delta H_A)(-r_A)V_R = K_A(T-T_S) \qquad (4\text{-}9)$$

$$(-\Delta H_A)C_{AO}\frac{\mathrm{d}x_A}{\mathrm{d}t}V_R = K_A(T-T_S) \qquad (4\text{-}10)$$

四、间歇釜式反应器反应过程反应时间优化

间歇反应过程的总操作时间由反应时间和辅助时间组成。为了使单位时间的产品量最大,存在一个最优的操作时间。如有一化工厂需要生产一批产品 R,生产过程中需要辅助时间 1h,反应时间和产品量的关系如表 4-2 所示。

表 4-2　反应时间和产品量的关系

反应时间(h)	1	2	3	4
R 产品量(kg)	200	330	350	360
单位时间 R 产品量(kg/h)	100	110	87.5	72

由上表可知:R 的产品量随时间增长而增加,但是,单位时间 R 产品量却先升高后降低,存在一个最大值。对于反应,若要求产物 R 最终的浓度为 C_R,如果将单位时间所获得的产品量作为最优化的目标函数。将此目标函数对反应时间进行求导,并令其等于 0,即为:

$$\frac{\mathrm{d}F_R}{\mathrm{d}t} = \frac{V_R\left[(t+t_0)\dfrac{\mathrm{d}C_R}{\mathrm{d}t} - C_R\right]}{(t+t_0)^2} = 0 \qquad (4\text{-}11)$$

简化可得:

$$\frac{\mathrm{d}C_R}{\mathrm{d}t} = \frac{C_R}{t+t_0} \qquad (4\text{-}12)$$

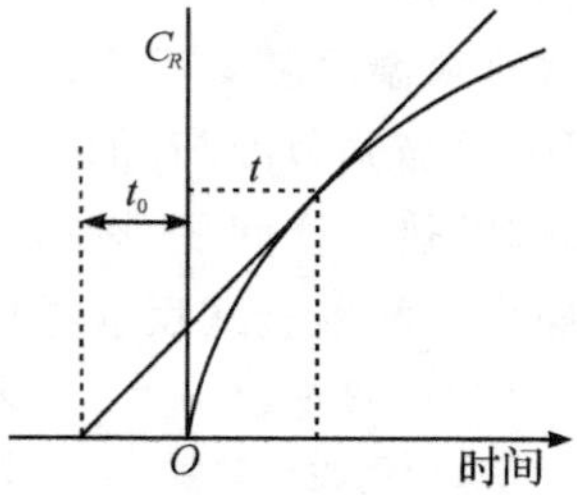

图 4-7　间歇反应器最优反应时间的图解法

在图 4-7 中,已知间歇反应过程的辅助时间是 t_0,即过 t_0 点对目标函数画切线,切点的横坐标读数为反应时间 t,此值的大小即为最优反应时间。

任务实施

1. 问题与思考

(1)间歇反应釜有哪些主要结构?

（2）如何选择合适的搅拌装置？

（3）请写出在间歇反应系统中，恒温恒容 0 级、1 级、2 级不可逆反应动力学方程的积分式。

（4）在间歇反应过程中，反应时间与反应釜体积大小有关系吗？

2. 主导任务

在间歇反应釜中进行恒温恒容液相一级不可逆反应：$A \rightarrow B$，其反应速率方程为 $-r_A = kC_A$，反应温度为 163℃，已知数据：163℃ 下，$k = 0.8\mathrm{h}^{-1}$，$V_R = 1000\mathrm{m}^3$，反应热：$-\triangle H_r = 347.5\mathrm{kJ/mol}$，$C_{A0} = 0.2\mathrm{mol/m}^3$，用水作冷却介质，进口温度 20℃，出口温度 28℃，$C_{p水} = 4.18\mathrm{kJ/(kg \cdot ℃)}$。试说明在操作此反应器时，如何调节冷却水用量。

由 $kt = \ln\dfrac{1}{1-x_A}$，$x_A = 1 - \dfrac{1}{e^{kt}} = 1 - \dfrac{1}{e^{0.0133t}}$ 得到 t 和 x_A 的关系列于表 4-2。

要求冷却水用量与反应时间的关系，需对反应釜进行热量衡算。

由公式（4-10）得：$(-\Delta H_A)C_{AO}\mathrm{d}x_A V_R = K_A(T - T_S)\mathrm{d}t$，并对其积分：

$\displaystyle\int_0^{x_A}(-\Delta H_A)C_{AO}V_R\mathrm{d}x_A = \int_0^t K_A(T - T_S)\mathrm{d}t$，积分得：

$$(-\Delta H_A)C_{AO}V_R x_A = K_A(T - T_S)t$$

在不考虑热损失的情况下，换热器的传热量就等于冷却水吸收的热量，即

$$K_A(T - T_S)t = mC_{p水}(t_出 - t_进)t$$

因此可得：

$$mt = \frac{(-\Delta H_A)C_{AO}V_R x_A}{C_{p水}(t_出 - t_进)} = \frac{347.5 \times 0.2 \times 1000 x_A}{4.18 \times (28 - 20)} = 2078.35 x_A$$

mt 为反应时间达到 t 时的总的冷却水用量。由此式得到冷却水用量与转化率的关系（见表 4-3）。

表 4-3　冷却水用量与转化率（反应时间）关系

反应时间 t(min)	转化率 x_A(%)	冷却水用量 mt(kg)
0	0	0
10	12.45	258.75
20	23.36	485.50
30	32.90	683.78
40	41.26	857.47

从上表可知：反应速度随时间增加而降低，单位时间放出的热量随时间的增加而减少。冷却水的消耗也相应减少。因此，釜式反应器的操作过程应根据反应特性和放热规律及时调节冷却水用量才能维持反应温度恒定或符合工艺需要。

任务二　固定床反应器设计与优化

工作任务

在查阅文献的基础上,了解固定床反应器的特点及其在精细化工中的应用,掌握固定床反应器的优化和设计方法。

任务分析

通过任务实施,完成如下几个工作内容:

(1)通过资料查阅,了解固定床反应器的特点及应用等内容;

(2)通过资料阅读,掌握固定床反应器的优化和设计方法;

(3)通过与其他同学交流,能简单应用固定床反应器的优化与设计方法。

技术理论

在化工生产过程当中,许多大规模的反应过程都采用固定床反应器生产,这是一种实现非均相反应过程的反应器,外形一般为圆筒状,反应器内装填颗粒状固体催化剂或固体反应物,流体通过静止不动的固体颗粒床层进行化学反应,主要用于气—固催化反应,如氨合成塔、烃类蒸汽转化炉等。流体在床层中的流动大多近视符合平推流流动模型。

一、固定床反应器的分类

固定床反应器按照反应过程中是否与环境发生热交换,可将它分为绝热式、非绝热式和自热式。

(一)绝热式固定床反应器

在绝热固定床反应器中,反应的时候反应器床层与环境不发生热交换,反应温度沿物料的流动方向变化。绝热式固定床反应器按照反应器床层的段数多少,又可分为单段绝热式和多段绝热式。

1.单段绝热式固定床反应器

单段绝热式固定床反应器是在圆筒体底部安装一块支撑板,在支撑板上装填固体催化剂或固体反应物。预热后的反应气体经反应器上部的气体分布器均匀进入固体颗粒床层进行化学反应,反应后的气体由反应器下部的出口排出。如图 4-8 所示,该固定床反应器床层高度比较高,故也称厚床层绝热式固定床反应器。这类反应器结构简单,生产能力大。但是,移热效果比较差,对于反应热效应不大,或反应过程对温度要求不是很严格的反应过程,常采用此类反应器。如乙苯脱氢制苯乙烯、天然气为原料的一氧化碳中(高)温变换。对于热效应较大,且反应速率很快的化学反应,只需一层薄薄的催化剂床层即可达到需要的转化率。如图 4-9 所示,该固体颗粒床层很薄,故也称薄床层绝热式固定床反应器。如甲醇在银或铜的催化剂上用空气氧化制甲醛。反应物料在该薄床层进行化学反应的同时不进行热交换,是绝热的。薄床层下面是一列管式换热器,用来降低反应物料的温度,防止物料进一步氧化或分解。

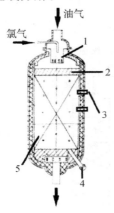

1.原料气分配头;2.支撑板;3.测温管;

4.催化剂卸料口;5.催化剂

图 4-8　厚床层绝热式固定床反应器

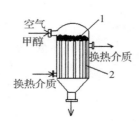

1.催化剂床层;2.列管式换热器

图 4-9　薄床层绝热式固定床反应器

2.多段绝热式固定床反应器

多段绝热式固定床反应器中,固体颗粒床层分多层,原料气通过第一段绝热床反应,温度和转化率升高,此时,将反应物料通过换热冷却,使反应气远离平衡温度曲线状态,然后,再进行下一段绝热反应。绝热反应和冷却(加热)间隔进行,根据不同化学反应的特征,一般有二段、三段或四段绝热固定床。根据段间反应气的冷却或加热方式不同,多段绝热式固定床反应器又分为中间间接换热式(如图 4-10)和中间直接冷激式(如图 4-11)。

中间间接换热式是在段间装有换热器,其作用是将上一段的反应气冷却或加热。图 4-10(a)是在层间加入换热盘管的方式。由于层间加入换热盘管换热面积不大,换热效果效率不高,因此,只适用于换热量要求不太大的情况。如水煤气转化及二氧化硫的氧化。另外,图 4-10(b)是在两个单段绝热式固定床反应器之间加一换热器来调节温度。如炼油工业中的催化重整,用四个绝热式固定床反应器,在两个反应器之间加一加热炉,把在反应过程(吸热反应)中降温的物料升高温度,再进入下一个反应器进行反应。

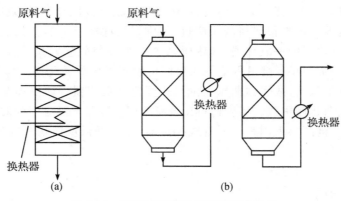

图 4-10　中间间接换热式固定床反应器

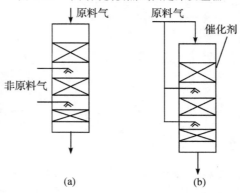

图 4-11　中间直接冷激式固定床反应器

中间直接冷激式是用冷流体直接与上一段出口气体混合,以降低反应温度,图 4-11(a)是用原料气作冷激气,称为原料气冷激式。图 4-11(b)是用非关键组分的反应物作冷流体,称为非原料气冷激式。冷激式反应器内无冷却盘管,结构简单,便于装卸催化剂。一般用于大型催化反应固定床中,如大型氨合成塔、一氧化碳和氢合成甲醇。

(二)换热式固定床反应器

当反应热效应较大时,为了维持适宜的反应温度,必须在反应的同时,采用换热的方法把反应热及时移走或对反应提供热量。按换热方式的不同,可分为对外换热式固定床反应器和自热式固定床反应器。

二、固定床反应器的优点

(1)在生产操作中,除床层极薄和气体流速很低的特殊情况外,床层内气体的流动近似符合平推流反应器的特性,返混少,反应推动力大,在完成同样生产能力时,所需要的催化剂用量和反应体积较小。

(2)对化学反应的适应性强,气体停留时间可以严格控制,温度分布可以调节,从慢反应到快反应都可适用。

(3)结构简单,由于催化剂在反应器内不发生流动碰撞,对催化剂强度的要求相对较低,可以较长时间连续使用。

三、固定床反应器的缺点

(1)在固定床内,由于催化剂载体固定不流动,且流体流速受压降限制又不能太大,造成了传热和温度控制上的困难。对于强放热反应,床层内会出现"热点",不易控制温度,有"飞温"危险。一般只适用于热效应不太大的化学反应。

(2)催化剂的粒径不宜过小,粒径太小会使反应物料通过固定床床层的压力降增大,甚至引起堵塞,破坏了正常操作,颗粒太大会导致内扩散对化学反应的影响比较严重,降低催化剂内表面的利用率。

(3)由于催化剂床层固定不动,催化剂的再生与反应不能同时进行,需要大量再生时间,且更换不方便。

四、固定床反应器物料衡算

固定床反应器类似于理想连续操作管式反应器,符合平推流流动模型。该模型的特点是:流体流动是有序的;所有流体粒子流速流向均相同;流体粒子在反应器内的停留时间均相同,无返混;垂直于流体流动方向的任意横截面上的浓度、温度均相同。

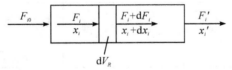

图 4-12 连续操作管式反应器物料衡算方法

$$\begin{bmatrix} \Delta t \text{ 时间内} \\ \text{进入微元体} \\ \text{积的反应物量} \end{bmatrix} = \begin{bmatrix} \Delta t \text{ 时间内} \\ \text{离开微元体} \\ \text{积的反应物量} \end{bmatrix} + \begin{bmatrix} \Delta t \text{ 时间微元} \\ \text{体积内转化掉} \\ \text{的反应物量} \end{bmatrix} + \begin{bmatrix} \Delta t \text{ 时间微} \\ \text{元体积内反} \\ \text{应物的累积量} \end{bmatrix}$$

$$F_{i0} dt = (F_i + dF_i)dt + (\pm r_i)dt dV_R + 0 \tag{4-13}$$

$$-\frac{dF_i}{dV_R} = (\pm r_i) \tag{4-14}$$

符号中,当 i 为反应物时,取"—"值,生成物取"+"值,式(4-2)为平推流反应器的物料衡算方程。对恒温、恒容一级反应,选 A 为关键组分,将代入式(4-14)积分,积分过程如下:

$$-\frac{dF_A}{dV_R} = (-r_A) = kC_A \tag{4-15}$$

$$F_A = C_A \cdot v \tag{4-16}$$

将式(4-16)代入式(4-15)得：

$$-vdC_A = (-r_A)dV_R \tag{4-17}$$

对式(4-17)进行积分得：

$$\tau = \frac{V_R}{v} = -\int_{C_{AO}}^{C_A} \frac{dC_A}{(-r_A)} = -\int_{C_{AO}}^{C_A} \frac{dC_A}{kC_A} \tag{4-18}$$

积分结果为：

$$\tau = \frac{V_R}{v} = \frac{1}{k}\ln\frac{C_{AO}}{C_A} = \frac{1}{k}\ln\frac{1}{1-x_A} \tag{4-19}$$

式中：V_R 为反应器的有效体积；v 为物料的体积流量；τ 为连续操作管式反应器的空时。其他类型反应的物料衡算积分结果如表 4-4 所示。

表 4-4　恒温、恒容连续操作管式反应过程空时与转化率（浓度）关系

化学反应	动力学方程	物料衡算式	积分形式
$A \to P$（零级）	$-r_A = k$	$\tau = \dfrac{V_R}{v} = -\int_{C_{A0}}^{C_A} \dfrac{dC_A}{k}$	$\tau = \dfrac{V_R}{v} = \dfrac{C_{A0}-C_A}{k} = \dfrac{C_{A0}\,x_A}{k}$
$A \to P$（一级）	$-r_A = kC_A$	$\tau = \dfrac{V_R}{v} = -\int_{C_{A0}}^{C_A} \dfrac{dC_A}{kC_A}$	$\tau = \dfrac{V_R}{v} = \dfrac{1}{k}\ln\dfrac{C_{AO}}{C_A}$ $= \dfrac{1}{k}\ln\dfrac{1}{1-x_A}$
$A \to P$（二级）	$-r_A = kC_A^2$	$\tau = \dfrac{V_R}{v} = -\int_{C_{A0}}^{C_A} \dfrac{dC_A}{kC_A^2}$	$\tau = \dfrac{V_R}{v} = \dfrac{1}{k}\left(\dfrac{1}{C_A} - \dfrac{1}{C_{AO}}\right)$ $= \dfrac{1}{kC_{A0}}\left(\dfrac{x_A}{1-x_{A0}}\right)$
$A + B \to P$（二级）	$-r_A = kC_A C_B$	$\tau = \dfrac{V_R}{v} = -\int_{C_{A0}}^{C_A} \dfrac{dC_A}{kC_A C_B}$	$\tau = \dfrac{V_R}{v} = \dfrac{1}{k(C_{B0}-C_{A0})}\ln\dfrac{C_B C_{A0}}{C_A C_{B0}}$ $= \dfrac{1}{k(C_{B0}-C_{A0})}\ln\dfrac{1-x_B}{1-x_A}$

五、气固催化反应过程的传质与传热

(一)气固催化反应过程

气固催化反应过程包含七个步骤：①气体反应物通过滞留膜向催化剂颗粒表面的传质（外扩散）；②气体沿微孔向颗粒内的传质（内扩散）；③气体反应物在微孔表面的吸附；④吸附反应物在催化剂表面的反应；⑤吸附产物的脱附；⑥气体产物沿微孔向外扩散；⑦气体产物穿过滞流膜扩散到气流主体。①、⑦称为外扩散过

程;②、③称为内扩散过程,受孔隙大小所控制;③、⑤分别称为表面吸附和脱附过程;④为表面反应过程;③、④、⑤这三个步骤总称为表面动力学过程,其速率与反应组分、催化剂性能和温度、压强等有关。

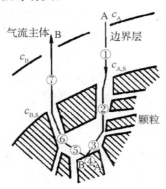

图 4-13 气固催化反应过程

(二)固体催化剂的特征参数

绝大多数固体催化剂颗粒为多孔结构,即颗粒内部都是由许许多多形状不规则、互相贯通的孔道所组成。颗粒内部存在着巨大的内表面,而化学反应就发生在催化剂的表面上。

(1)比表面积(S_g):衡量催化剂表面积大小,单位质量催化剂所具有的表面积(m^2/kg),由 BET 法或者色谱法测定,比表面与孔径大小有关,孔径越小,比表面越大。

(2)孔容:单位质量催化剂所具有的孔的容积(cm^3/g)。

(3)孔隙率:单位体积催化剂所具有的孔的容积(cm^3/cm^3)。

(4)颗粒密度:单位体积颗粒所具有的颗粒质量(g/cm^3)。

(5)真密度:单位真实体积所具有的颗粒质量(g/cm^3)。

(6)堆积密度:单位床层体积所具有的颗粒质量(g/cm^3),可表示为:

$$\rho_B = \frac{颗粒质量}{床层体积}$$

(7)床层孔隙率:颗粒之间的空隙体积与床层体积之比,可表示为:

$$\varepsilon_B = \frac{颗粒之间的空隙体积}{床层体积}$$

(三)固定床反应器中的传质

固定床反应器中的传质过程包括外扩散、内扩散和床层内的混合扩散。

1. 外扩散过程

在工业生产过程中,固定床反应器一般都在较高流速下操作。因此,主流体与催化剂外表面之间的压差很小，一般可以忽略不计，因此外扩散的影响也可以忽略。

2. 内扩散过程

由于催化剂颗粒内部微孔的不规则性和扩散要受到孔壁影响等因素，使催化剂微孔内扩散过程十分复杂。

3. 床层内的混合扩散

固定床内的混合扩散包括径向和轴向混合扩散，一般反应器都能满足这个条件，故固定床反应器通常不考虑轴向混合的影响。

（四）固定床反应器的传热

固定床反应器的传热实质上包括了颗粒内的传热、颗粒与流体之间的传热以及床层与器壁的传热等几个方面。在换热式固定床反应器中的传热过程一般包括以下几个过程：

（1）反应热由催化剂内部向外表面传递；

（2）反应热由催化剂外表面向流体主体传递；

（3）反应热少部分由反应后的流体沿轴向带走，主要部分由径向通过催化剂和流体构成的床层传递至反应器器壁，由载热体带走。由于催化剂床层传热性能很差，在床层形成甚为复杂的温度分布，不仅轴向温度分布不均，而且径向也存在着显著的温度梯度。

若催化剂的导热性能良好，而气体流速又较快，则径向温差可以忽略。轴向的温度分布主要决定于沿轴向各点的放热速率和管外换热介质的移热速率大小。一般沿轴向温度分布都有一个最高温度点，该温度称为热点。如图 4-14 是列管式固定床反应器的轴向温度分布图。

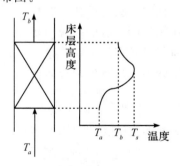

图 4-14　列管式固定床反应器的温度分布

控制热点温度是使反应能顺利进行的关键。热点温度过高，使反应选择性降低，催化剂变劣，甚至使反应失去稳定性而产生飞温。热点出现的位置与高度和反应条件的控制、传热和催化剂的活性有关。

热点温度的出现，使整个催化床层中只有一小部分催化剂是在所要求的温度条件下操作,影响了催化剂效率的充分发挥。为了降低热点温度,减少轴向温差,在工业生产上采取的措施有:①在原料气中带入微量抑制剂,使催化剂部分毒化,降低催化性能。②在原料气入口处附近的反应管上层放置一定高度的惰性载体稀催化剂,或放置一定高度已部分老化的催化剂。这两点措施是降低入口处附近的反应速率,以降低放热速率,使与移热速率尽可能平衡。③采用分段冷却法,改变移热速率,使与放热速率尽可能平衡等。

任务实施

1. 问题与思考

(1)固定床反应器有哪些主要结构?

(2)试述气固相催化反应过程经历的七个步骤。

(3)什么叫平推流流动模型? 固定床反应器在什么情况下适用平推流流动模型?

(4)简述等温恒容平推流反应器空时、反应时间、停留时间三者关系。

2. 主导任务

在管式反应器中进行 A 的一级不可逆分解反应,反应物和产物均为液体,反应温度为100℃,反应动力学方程为: $-r_A = kC_A$,反应物 A 的起始浓度为 0.4mol/L ,假设反应过程中,反应物料体积保持不变,当反应时间为 20min 时,反应物 A 的转化率为 50% ,则:

(1) 在 $100℃$ 时,反应时间 60min 时,反应物 A 的浓度为多少?

(2) 在 $100℃$ 时,要求反应转化率达到 90% ,每小时处理物料 5m^3 ,则需要反应器的体积为多少?

解　(1)利用公式 $\tau = \dfrac{V_R}{v} = \dfrac{1}{k}\ln\dfrac{C_{AO}}{C_A}$ 可得: $C_A = \dfrac{C_{AO}}{e^{kt}}$,

代入数据得:

$$C_A = \frac{0.4}{e^{0.035 \times 60}} = 0.049(\text{mol/L})$$

在 $100℃$ 时,反应时间 60min 时, A 的浓度为 $0.049(\text{mol/L})$ 。

(2) 利用公式 $\tau = \dfrac{V_R}{v} = \dfrac{1}{k}\ln\dfrac{1}{1-x_A}$,代入数据得:

$$\tau = \frac{1}{0.035}\ln\frac{1}{1-0.9} = 65.79(\text{min})$$

单位时间处理物料量: $v = \dfrac{5}{60} = 0.083(\text{m}^3/\text{min})$

要完成生产任务需要反应釜的有效体积为: $V_R = v\tau$,代入数据得:

$$V_R = 0.083 \times 65.79 = 5.46(\text{m}^3)$$

因此,在 $100℃$ 时,要求反应转化率达到 0.9 ,每小时处理物料 5m^3 ,则需要反应釜的体积为 5.466m^3 。

任务三　流化床反应器设计与优化

工作任务

在查阅文献的基础上,了解流化床反应器的特点及其在精细化工中的应用,掌握流化床反应器的优化和设计方法。

任务分析

通过任务实施,完成如下几个工作内容:

(1)通过资料查阅,了解流化床反应器的特点及应用等内容;

(2)通过资料阅读,掌握流化床反应器的优化和设计方法;

(3)通过与其他同学交流,能简单应用流化床反应器的优化与设计方法。

技术理论

一、流化床反应器分类

将大量固体颗粒悬浮于运动的流体之中,从而使颗粒具有流体的某些表观特征,这种流固接触状态称为固体流态化,即流化床。

流化床内的固体粒子像流体一样运动,由于流态化的特殊运动形式,流化床反应器在一些大型化工生产过程中是常有的反应器类型之一。采用流化床反应器有如下优点:结构简单,传热效能高,床层温度均匀,气固相间传质速率较高,催化剂粒子小,效能高,有助于催化剂循环再生。但是,缺点是催化剂和设备磨损大,气流不均时气固相接触效率降低,返混大,影响产品质量的均一性。流化床反应器比较适用于下述过程:热效应很大的放热或吸热过程;要求有均一的催化剂温度和需要精确控制温度的反应;催化剂寿命比较短,操作较短时间就需更换或活化的反应;有爆炸危险的反应;高浓度操作的氧化反应。流化床反应器一般不适用如下情况:要求高转化率的反应;要求催化剂层有温度分布的反应。流化床反应器的结构形式很多,一般有以下几种分类方法。

(一)按照床层的外形分类

按此分类可分为圆筒形和圆锥形流化床。圆筒形流化床反应器结构简单,制造容易,设备容积利用率高。圆锥形流化床反应器的结构比较复杂,制造比较困难,设备的利用率较低,但因其截面自下而上逐渐扩大,故也具有很多优点:①适用于催化剂粒度分布较宽的体系。由于床层底部速度大,较大颗粒也能流化,防止了分布板上的阻塞现象,上部速度低,减少了气流对细粒的带出,提高了小颗粒催化剂的利用率,也减轻了气固分离设备的负荷。这对于在低速下操作的工艺过程可获得较好的流化质量。②由于底部速度大,增强了分布板的作用床层底部的速度大,孔隙率也增加,使反应不致过分集中在底部,并且加强了底部的传热过程,故可减少底部过热和烧结现象。③适用于气体体积增大的反应过程。气泡在床层的上升过程中,随着静压的减少,体积相应增大。采用锥形床,选择一定的锥角,可适应这种气体体积增大的要求,使流化更趋平。

(二)按照固体颗粒是否在系统内循环分类

按此分类主要有非循环操作流化床和循环操作流化床。非循环操作流化床在工业上应用最为广泛,如图 4-15 所示。它多用于催化剂使用寿命较长的气固相催化反应过程,如乙烯氧氯化反应器、萘氧化反应器和乙烯氧化反应器等。

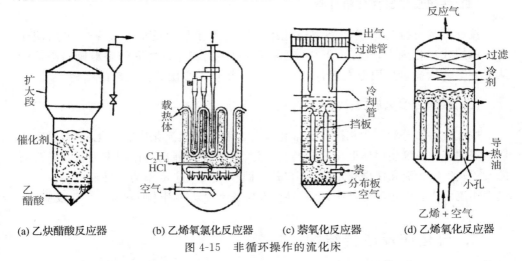

(a) 乙炔醋酸反应器　　(b) 乙烯氧氯化反应器　　(c) 萘氧化反应器　　(d) 乙烯氧化反应器

图 4-15　非循环操作的流化床

循环型流化床多用于催化剂寿命较短容易再生的气固相催化反应过程,如石油炼制工业中的催化裂化装置。在这类双器流化床中,催化剂在反应器(筒式或提升管式)和再生器间循环,是靠控制两器的密度差形成压差实现的。因为两器间实现了催化剂的定量定向流动,所以同时完成了催化反应和催化剂再生的连续操作过程。如图 4-16 所示。

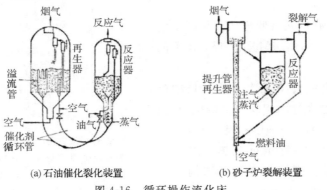

(a)石油催化裂化装置　　(b)砂子炉裂解装置

图 4-16　循环操作流化床

(三)按照床层中是否设有内部构件分类

按此分类可分为自由床和限制床。床层中设置内部构件的称为限制床,未设置内部构件的称为自由床。设置内部构件的目的在于增进气固接触,减少气体返混,改善气体停留时间分布,提高床层的稳定性,从而使高床层和高流速操作成为可能。许多流化床反应器都采用挡网、挡板等作为内部构件。对于反应速度快、延长接触时间不至于产生严重副反应或对于产品要求不严的催化反应过程,则可采用自由床,如石油炼制工业的催化裂化反应器便是典型的一例。

(四)按照反应器内层数分类

按此分类可分为单层和多层流化床。对气固相催化反应主要采用单层流化床。多层式流化床中,气流由下往上通过各段床层,流态化的固体颗粒则沿溢流管从上往下依次流过各层分布板,如用于石灰石焙烧的多层式流化床的结构。

(五)按是否催化反应分类

按此方法可分为气固相流化床催化反应器和气固相流化床非催化反应器两种。以一定的流动速度使固体催化剂颗粒呈悬浮湍动,并在催化剂作用下进行化学反应的设备是气固相流化床催化反应器,它是气固相催化反应常用的一种反应器。而在气固相流化床非催化反应器中,是原料直接与悬浮湍动的固体原料发生化学反应。

二、流化床反应器结构

不同化学反应所采用的流化床反应器的结构不尽相同,一种比较典型流化床结构如图4-17所示,主体结构一般有锥形体、反应段(浓相区、稀相区)、扩大段构成。内部结构一般有:

(1)气体预分布器:使进入流化床反应器中的气体初步达到均匀分布,提高床层的流化效果。

(2)挡网和挡板:破碎气体在床层中产生的大气泡,增大气固相间的接触机会,减少返混,从而增加反应速度和提高转化率。

(3)换热装置:移走反应热或给化学反应提供热量。换热装置类型结构与间歇反应器中用到的相类似。

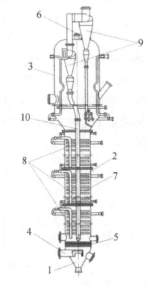

1.锥底;2.反应段;3.扩大段;4.进料管;
5.分布管;6.防爆板;7.导向挡板;8冷却管;
9.旋风分离器;10.料腿

图4-17　溢流管式多层流化床

(4)气固分离装置:回收上升气流中的细颗粒,提高产品的纯度。一般采用旋风分离器,可内置,也可外置。

三、流化床反应器的特点

(一)流化床反应器的优点

(1)流化床中可以采用粒径很小的粉末颗粒,并在悬浮状态下与流体接触,流体—固体颗粒接触的相界面积很大,有时高达 $3280\sim16400\mathrm{m^2/m^3}$,有利于提高非均相反应催化剂的利用率。

(2)由于颗粒在床内流体—固体颗粒混合激烈,有利于流体与颗粒之间传热、传质。使颗粒在全床内的温度和浓度均匀一致,床层与内浸换热表面间的传热系数很高,可达 $200\sim400\mathrm{W/(m^2 \cdot K)}$,全床热容量大,热稳定性高,有利于强放热反应的等温操作。这是许多化学反应选用流化床反应器的重要原因之一。

(3)流化床内的流体—固体颗粒混合物有类似流体的性质,可以大量地从装置中移出、引入,并可以在两个流化床之间大量循环。这一特性,有利于催化剂再生,使得易失活催化剂能在工程中得以使用。

(4)单位设备生产能力大,设备结构简单、造价低,符合现代化大生产的需要。

(二)流化床反应器的缺点

(1)气体流动状态与置换流模型偏离较大,气流与床层颗粒返混严重,以致在床层轴向没有温度差及浓度差。加之气体可能形成大气泡状态通过床层,使气固接触不良,使反应的转化率降低。因此流化床一般达不到固定床的转化率。

(2)催化剂颗粒的剧烈运动,导致催化剂、管子和反应器磨损严重。

综上所述,虽然流化床反应器存在着上述缺点,但是流化床反应器还是适合用于以下过程:热效应很大的反应;要求有均一的催化剂温度和需要精确控制温度的反应;催化剂寿命比较短,操作较短时间就需更换或活化的反应;有爆炸危险的反应,如高浓度下操作的氧化反应,可以提高生产能力,减少分离和精制的负担。流化床反应器一般不适用如下情况:要求高转化率的反应;要求催化剂层有温度分布的反应。

四、流化床的流体力学

(一)临界流化速度(u_{mf})

刚刚能使粒子流化起来的气体空床流速。此时床层的压降等于单位截面床层的重力。关于临界流化速度 u_{mf} ,目前尚不能用理论公式进行精确计算,其确定方法主要有实验测定法和近似计算法。

1. 实验测定

通过测定床层的压降—流速关系曲线来确定,通常采用降低流速法较精确,床层的压降—流速关系曲线如图 4-18 所示。

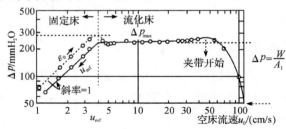

图 4-18　床层的压降—流速关系曲线

从图 4-18 可知:在 $u_0 < u_{mf}$ 时,压降与气速成正比关系。床层内的颗粒处于静止状态。当流速增大,床层内流体的压力降增大到与静床压力相等时,按理粒子应开始流动起来了,但由于床层中原来挤紧着的粒子先要被松动开来,需要稍大一点的压降;等到粒子一旦已经松动,压降又恢复到静床压力之值;随后流速进一步增加;则 Δp 不变。

对已经流化起来的床层,如将气速减小,则 Δp 将循着途中的虚线返回,不再出现极值,且固定床中的压降也比原先的要小。这是因为流化床转变为固定床时,粒子逐渐静止下来,比较松动,大体保持着开始流化时的床层空隙率,一直到流速为零。压力最大点称为临界流化点,对应的流速为起始流化速度。临界流化点为固定床与流化床的分界点。

2. 经验关联式计算

用因次分析或相似理论的方法通过实验求得经验公式进行计算。临界流态化时,对床层进行受力平衡分析,如图 4-19 所示。

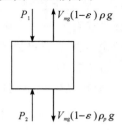

图 4-19　流化床层受力分析

由图中可得:
$$\Delta p = \frac{W}{A_t} = L_{mf}(1 - \varepsilon_{mf})(\rho_p - \rho)g \tag{4-20}$$

$$\frac{\Delta p}{L_{mf}} = (1 - \varepsilon_{mf})(\rho_p - \rho)g \tag{4-21}$$

固定床中流动压降也可由欧根公式计算:

$$\frac{\Delta p'}{L_{mf}} = 1.75 \frac{1-\varepsilon_{mf}}{\varepsilon_{mf}^3} \cdot \frac{\rho u_{mf}^2}{\varphi_s d_p} + 150 \frac{(1-\varepsilon_{mf})^2}{\varepsilon_{mf}^3} \cdot \frac{\mu u_{mf}}{(\varphi_s d_p)^2} \qquad (4-22)$$

因为临界流化时：$\Delta p = \Delta p'$

$$\frac{1.75}{\varphi_s \varepsilon_{mf}^3}\left(\frac{d_p u_{mf}\rho}{\mu}\right)^2 + \frac{150(1-\varepsilon_{mf})}{\varphi_s^2 \varepsilon_{mf}^3}\left(\frac{d_p u_{mf}\rho}{\mu}\right) = \frac{d_p^3 \rho(\rho_p - \rho)g}{\mu^2} \qquad (4-23)$$

式中：φ_s 是颗粒的形状系数，部分颗粒的 φ_s 值可由手册查取。ε_{mf} 是临界空隙率，其值与颗粒直径和形状等有关，也可由手册查取。若查不到，可由式（4-24）或（4-25）估算。

$$\frac{1}{\varphi_s \varepsilon_{mf}^3} \approx 14 \qquad (4-24)$$

$$\frac{1-\varepsilon_{mf}}{\varphi_s^2 \cdot \varepsilon_{mf}^3} \approx 11 \qquad (4-25)$$

将式（4-24）、（4-25）代入式（4-23）得：

$$\frac{d_p u_{mf}\rho}{\mu} = \left[33.7^2 + 0.0408 \frac{d_p^3 \rho(\rho_p - \rho)g}{\mu^2}\right]^{1/2} - 33.7 \qquad (4-26)$$

小颗粒，$R_{ep} < 20$ 时，欧根公式中第一项可忽略，式（4-26）简化为：

$$u_{mf} = \frac{d_P^2(\rho_p - \rho)g}{1650 \cdot \mu} \qquad (4-27)$$

大颗粒，$R_{ep} > 1000$ 时，欧根公式中第二项可忽略，式（4-26）简化为：

$$u_{mf}^2 = \frac{d_p(\rho_p - \rho)g}{24.5\rho} \qquad (4-28)$$

（二）带出速度

当气速增大到一定值时，流体对粒子的曳力与粒子的重力相等，则粒子将会被气流带走，此时气体的空床速度即带出速度。

颗粒的带出速度等于其自由沉降速度，对球形固体颗粒，可用以下公式计算：

$$u_f = \frac{d_p^2(\rho_p - \rho)g}{18\mu} \qquad (4-29)$$

$$u_t = \left[\frac{4}{225}\frac{(\rho_p - \rho)^2 g^2}{\rho\mu}\right]^{\frac{1}{3}} d_p, \quad 0.4 < R_{ep} < 500 \qquad (4-30)$$

$$u_t = \left[\frac{3.1 d_p(\rho_p - \rho)g}{\rho}\right]^{\frac{1}{2}}, \quad 500 < R_{ep} < 200000 \qquad (4-31)$$

存在大量颗粒的流化床中，粒子沉降会互相干扰，按单个粒子计算的带出速度需校正。

$$u_{t,校正} = F_0 \cdot u_t \qquad (4-32)$$

式（4-32）中的校正系数 F_0 可从图 4-20 中查取。

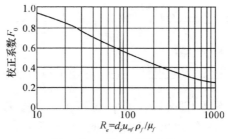

图 4-20 校正系数查询

三、流化床的操作气速

气体操作流速的下限是 u_{mf}，上限是 u_t。当流化床中的固体颗粒为小颗粒：

$$\frac{u_t}{u_{mf}} = 91.6, \qquad u_0 = (1.5 \sim 10)u_{mf}$$

当流化床中的固体颗粒为大颗粒：

$$\frac{u_t}{u_{mf}} = 8.72, \qquad u_0 = (0.1 \sim 0.4)u_t$$

因此，细颗粒床层中，气体操作流速的范围更宽。

 任务实施

1. 问题与思考

(1)什么叫流化床？什么叫临界流化速度？

(2)流化现象有哪几个阶段？

(3)什么叫聚式流化和散式流化？

(4)试比较流化床和固定床两类反应器的特征(如固体运动状态、温度分布、颗粒大小、传热速率、返混等)。

(5)简述流化床反应器的分类及应用。

2. 主导任务

计算粒径分别为 $10\mu m$、$100\mu m$ 和 $1000\mu m$ 的微球形催化剂在下列条件下的带出速度：颗粒密度 $\rho_p = 2500 kg/m^3$，球形颗粒的球形度 $\varphi_s = 1$，流体密度 $\rho_f = 1.2 kg/m^3$，流体粘度 $\mu_f = 1.8 \times 10^{-5} Pa \cdot s$。

(1) $d_p = 10\mu m = 1 \times 10^{-5} m$

$$u_t = \frac{d_p^2(\rho_p - \rho_f)g}{18\mu_f} = \frac{(1 \times 10^{-5})^2 \times (2500 - 1.2) \times 9.81}{18 \times 1.8 \times 10^{-5}} = 0.00756 m/s$$

$$R_{et} = \frac{d_p u_t \rho_f}{\mu_f} = \frac{1 \times 10^{-5} \times 0.00756 \times 1.2}{1.8 \times 10^{-5}} = 0.005 (< 0.4)$$

(2) $d_p = 100\mu m = 1 \times 10^{-4} m$

$$u_t = \left[\frac{4}{225} \times \frac{(\rho_p - \rho_f)^2 g^2}{\rho_f \mu_f} \right]^{1/3} d_p = 0.53 m/s$$

$$R_{et} = \frac{d_p u_t \rho_f}{\mu_f} = \frac{1 \times 10^{-4} \times 0.53 \times 1.2}{1.8 \times 10^{-5}} = 3.5(> 0.4)$$

(3) $d_p = 1000\mu m = 1 \times 10^{-3} m$

$$u_t = \left[\frac{3.1 d_p (\rho_p - \rho_f)g}{\rho_f}\right]^{1/2} = 7.86 m/s$$

$$R_{et} = \frac{d_p u_t \rho_f}{\mu_f} = \frac{1 \times 10^{-4} \times 7.86 \times 1.2}{1. \times 10^{-5}} = 524(> 500)$$

任务四 气液反应器设计与优化

工作任务

在查阅文献的基础上,了解气液反应器的特点及其在精细化工中的应用,掌握气液反应器的优化和设计方法。

任务分析

通过任务实施,完成如下几个工作内容:

(1)通过资料查阅,了解气液反应器的特点及应用等内容;

(2)通过资料阅读,掌握气液反应器的优化和设计方法;

(3)通过与其他同学交流,能简单应用气液反应器的优化与设计方法。

技术理论

气液反应过程是指气相反应物溶解于液相以后,再与液相中的反应物进行反应,但也可以反应物均在气相中,它们溶于液相后再进行反应,如氨和二氧化碳混合物溶于水中进行反应生成尿素。气液反应主要应用于:

(1)直接制取产品。如氯气与烃类物质的氯化反应,气相和液相都是反应物。乙烯和氧气通入含氯化铅和氯化铜的醋酸水溶液中进行氧化反应制取乙醛,此时,气相是反应物,液相是催化剂。氧气通入含醋酸锰的乙醛溶液制取醋酐。

(2)气体净化与分离。如用碱液脱除合成气中的二氧化碳,用铜氨溶液脱除合成气中的一氧化碳。

一、气液相反应器分类

气—液相反应器是进行气—液反应的反应器。由于气—液反应的复杂性,对于不同的反应特征和反应对传热、传质、返混的不同要求,实际生产中出现了不同类型和结构形式的气—液反应器。工业气—液反应器按外形可分为塔式、釜式和管式等反应器。按气液反应器中气液接触的方式,可分为以下三类。

(一)气体为分散相,液体为连续相

1.鼓泡塔反应器

鼓泡塔是最常见、应用最广泛的气—液相反应器,如氧化反应(环己烷氧化制环己酮)、氯化反应(苯和氯气反应制氯化苄)等都可采用鼓泡塔。鼓泡塔的基本形式为空塔,塔内装满液体,气体从底部的分布板或喷嘴以气泡的形式通入液体,如图 4-20(a)所示。鼓泡塔结构简单,无搅拌装置,对于加压或减压反应效果较好。鼓泡塔单位体积持液量大,但单位液体体积的相界面积小,适用于慢反应、中速反应和强放热反应。

鼓泡塔可以连续操作,也可以半间歇操作,一般气体连续进料,液体一次性投料。前者一般用于中速反应,后者一般用于慢反应。连续操作的鼓泡塔,气液两相可以是并流,也可以是逆流。并流操作主要用于液相流率大、气相流率小的过程。

鼓泡塔内可装换热装置,由于气体的流动,强化了传热效果。由于在鼓泡塔中液相返混大,反应器不同位置的反应温度比较均匀,不会发生局部高温。对于高径比较大时,为了强化传热和传质,可在塔内安装一个与塔体同心的导流筒,如图4-20(b)所示,气体进入导流筒,由于导流筒内外密度差的存在,物料形成循环流。

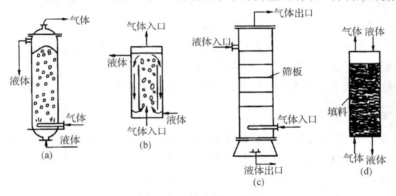

图 4-20　鼓泡塔反应器

由于鼓泡塔中返混很大,单塔的反应转化率不高,如需高的转化率,常采用多级鼓泡塔串联或采用半连续操作。当返混对反应速率和选择性有较大影响时,可在塔内设置多层多孔水平挡板以限制液相返混,如图 4-20(c)所示。这样液相的流动模型可接近于多级串联的全混流反应器。也可在鼓泡塔内装填填料以减少液相返混和气泡合并,如图 4-20(d)所示,鼓泡填料塔气液两相的相界面可比普通鼓泡塔提高 10%～80%。但也有需要返混的情况,如乙醛氧化制醋酸中,增加返混可以减少过氧醋酸的积累,防止爆炸。

2.搅拌鼓泡釜式反应器

搅拌鼓泡反应器与鼓泡塔的区别在于利用机械搅拌,气体在液相中分散得更加细小(见图 4-21)。因此,在相同持液量下,搅拌鼓泡反应器的气液相界面积比普通鼓泡塔高一个数量级,适用于要求持液量和相界面都较大的化学反应。操作可采用液体一次性进料,气体连续进料,也可采用气液两相都连续进料。反应器可加装换热装置,或利用外部循环,可方便移出或供给热量。由于有搅拌的作用,气液之间的传热和传质系数都比较高,可达到板式塔的效果。

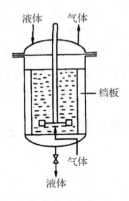

图 4-21 搅拌鼓泡反应器

搅拌鼓泡反应器可用于慢反应过程,也可用于中速反应过程,尤其对气体和高粘度非牛顿液体之间的反应更为适用。借助搅拌的作用也可使气体均匀分散在粘稠的液相中。搅拌鼓泡反应器的主要缺点是气液两相均形成混流,有时会严重降低反应器的体积效率。

对于高压反应,要求有良好的密封装置。

3.板式反应器

板式塔结构如图 4-22 所示。板式塔通常由圆筒形的塔体和按一定间距水平安装的若干塔板组成。用于气液反应的主要有泡罩板、筛板和浮阀板。

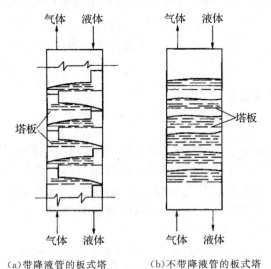

(a)带降液管的板式塔   (b)不带降液管的板式塔

图 4-22 板式塔反应器

板式塔操作时液体在重力的作用下,自上而下依次流过各层塔板,气体在压力差的作用下,自下而上穿过各层塔板。每块塔板上有一定的液层高度,气体以气泡的形式分散于液层中。板式塔适用于中速和快速反应。由于采用多层塔板,物料的返混程度要比单级鼓泡塔或搅拌鼓泡釜小得多,通过调节塔板上液层高度,板式塔能在较大范围适应不同液体流率和停留时间的要求。对于气体流率高,液体流率低,以及需要反应时间较长的场合均能应用。另外,板式塔中每块塔板上可安装换热装置以提供或移出热量。板式塔的缺点是结构比填料塔复杂,造价贵,且板式塔流体流动阻力比填料塔大,塔板一般采用耐腐蚀材料制作。大多数塔板都需要加压操作的场所。

(二)液体为分散相,气体为连续相

1.喷淋塔反应器

喷淋塔反应器结构简单,液体在塔顶经喷淋器分散成液滴,气液两相在塔中接触,单位液体体积的相界面积很大。塔内没有太多的附件,可处理一些含固体的化学反应过程,适用于瞬间、界面和快速反应。流体阻力小,但是,喷淋塔反应器持液量小,液滴喷射成型以后,不会发生破裂,气液表面很少发生更新,液相传质系数小。喷淋塔中当气速小于 10m/s 时,有一定程度的气相返混。液侧传质系数过小,存在气相和液相返混较为严重的缺点。总的来说,喷淋塔是一种效率低下的气、液反应器,应用范围有限。如图 4-23 所示。

2.喷射反应器

喷射反应器中气相为连续相,液体为分散相,液体分散为雾状,一般有两种方法:第一种依靠高压液体通过喷嘴使液体雾化,如图 4-24(a)所示。第二种依靠高速流动的气体(流速可大于 30m/s)撞击液体,使液体雾化为细小的液滴,如图 4-24(b)所示,选用这种操作方式一般需要气、液体积流量之比大于 1000。喷射塔结构简单,设备费用低,单位设备体积的气体处理量大。液膜传质系数高,可达 0.1～0.3cm/s。单位反应器的气液相界面积可达到 6000m²/m³。喷射塔反应器主要用于气液相快反应。

(三)液体以膜状运动

1.填料塔反应器

填料塔的结构如图 4-25 所示,由塔体、填料、填料支撑板和压板、液体分布器等组成。有些填料可以任意堆放,有些必须规则排列。液体自塔顶液体分布器均匀喷洒在填料层。液体在填料表面形成液膜,液膜向下流动时,表面不断被更新。当液体流经比较高的床层时,会出现严重的壁流现象,此时,就需要在填料塔里安装液体再分布器,使液体重新分布。

填料塔可以逆流操作或并流操作。对于可逆反应,传质总推动力与采用逆流还是并流操作无关。并流操作因无液泛,允许采用比较高的气速,可以减小塔径。并流操作能耗比逆流操作低。对于可逆反应逆流操作有利于提高反应转化率。

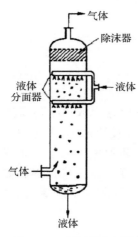

图 4-23　喷淋塔反应器

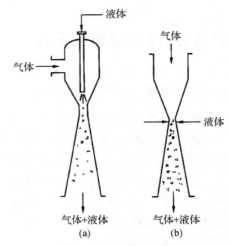

图 4-24　喷射反应器

2.降膜式反应器

降膜式反应器结构如图 4-26 所示,在降膜式反应器中,液体在液体分布器的作用下,沿管壁流下,气体可以与液体逆流流动,也可以并流流动。降膜式反应器的优点主要有:(1)具有较好的传热效果,且液体停留时间很短,适用于一些热敏性物质的反应;(2)压降小和无轴向返混。但是,降膜管的安装垂直度要求较高。单位体积的反应器持液量比较小。

降膜式反应器可用于瞬间、界面和快速反应,它特别适用于较大热效应的气液反应过程;不适用于慢反应;也不适用于处理含固体物质或能析出固体物质及粘性很大的液体。

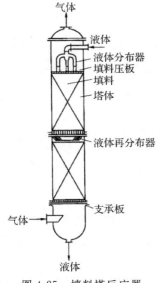

图 4-25　填料塔反应器

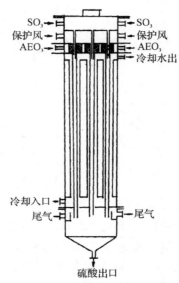

图 4-26　多管降膜式反应器

二、气液相反应器的选择

(一)从气液相反应宏观动力学考虑

气液相反应是传质与反应过程的综合,其宏观反应速率取决于传质速率和反应速率中最慢的一步,即控制步骤。如反应速率远大于传质速率,则称为传质控制(气膜或液膜扩散控制),宏观反应速率的大小就是传质速率的大小。如传质速率远大于反应速率,称为动力学控制,宏观反应速率就等于本征反应速率。如果传质速率与反应速率大小差不多,则宏观反应速率要同时考虑传质速率和反应速率。了解气液反应的控制步骤,是气液设备选型的重要依据。

1.气液传质的双膜模型

1924 年,Lewis 和 Whitman 提出气液传质的双膜模型,如图 4-27 所示。基本论点:

(1)气液界面的两侧分别有一呈层流流动的气膜和液膜,膜的厚度随流动状态而变化。

(2)组分在气膜和液膜内以分子扩散形式传质,服从菲克定律。

(3)通过气膜传递到相界面的溶质组分瞬间溶于液相且达到平衡,符合亨利定律,相界面上不存在传质阻力。

(4)气相和液相主体内混合均匀,不存在传质阻力。全部传质阻力都集中在二层膜内,各膜内的阻力可以串联相加。

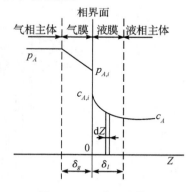

图 4-27　双膜理论模型

2.气液反应类型

对于气液反应:$A(g) + B(l) \longrightarrow R(l)$,$A$ 为气相,B 为液相且不挥发,产物 R 为液相。按双膜理论模型,反应过程分为以下三个步骤:

(1)A 从气相主体向气液界面扩散;

(2)A 在气液界面处溶解于液相,在溶解的同时与液相中的 B 发生反应(反

应);

（3）溶解于液相的 A 向液相内部扩散,在扩散的同时与液相中的 B 发生反应（反应），产物 R 按浓度梯度的方向传质。

根据不同的传质速率和化学反应速率,可以将气液反应分为以下八种。

（1）瞬间反应

两种瞬间反应的传质与反应情况如图 4-28 所示,化学反应速率远远大于扩散速率,化学反应瞬间完成,在液膜内 A、B 不能同时存在,化学反应仅在液膜内某个反应面上发生,与界面大小有关,和液体体积多少无关,此时,宏观反应速率速度取决于扩散速度,称扩散控制过程。

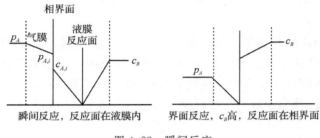

图 4-28 瞬间反应

（2）快速反应

两种快速反应的传质与反应情况如图 4-29 所示,快速反应的反应速率虽低于极快反应,但仍比传质速率大,传质速率和反应速率均影响宏观速度,反应仍发生于液膜内。但由一个反应面伸展为反应区,反应区内 A、B 同时存在,反应区外的液面中,A、B 不能同时存在。生产能力和界面大小及液膜体积有关,与液体总量无关,当 B 浓度极高时,反应区由相界面开始延伸到液膜内某个面为止。若假设在液膜内基本不变,二级反应可简化为拟一级反应。

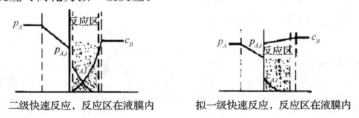

图 4-29 快速反应

（3）中速反应

两种中速反应的传质与反应情况如图 4-30 所示,化学反应速率和扩散速率基本相等,化学反应在整个液膜内进行。未反应部分 A 扩散到液相主体中,在液相主体中继续反应。宏观反应速率不仅与相界面大小有关,还与液体体积有关。当 B 的浓度足够高时,二级反应可简化为拟一级反应。

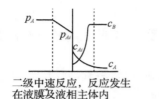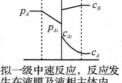

二级中速反应，反应发生　　拟一级中速反应，反应发
在液膜及液相主体内　　　生在液膜及液相主体内

图 4-30　中速反应

（4）慢速反应

慢速反应的传质与反应情况如图 4-31 所示，化学反应速率比扩散速率低，化学反应主要在液相主体中进行，此时为动力学控制。

（5）极慢反应

极慢反应的传质与反应情况如图 4-32 所示，化学反应速率远远小于传质速率，扩散阻力可忽略不计。组分 A 和 B 浓度在整个液相中很均匀，液相中溶解的 A 接近其饱和溶解度。反应发生在整个液相，过程为动力学控制，宏观反应速率等于化学反应速度，相当于液相均相反应。

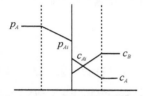

二级慢速反应，反应主要在液相主体　　　　极慢速反应，在液相主体内的均相反应

图 4-31　慢速反应　　　　　　　图 4-32　极慢速反应

通过以上分析，决定气、液反应器选型的核心问题是使反应器的性能和反应动力学相适应，应根据反应的特征和要求，选用合适的反应器类型（见表 4-5），以充分利用反应器的有效体积和消耗的能量。

表 4-5　气液反应器的性能

反应器形式		相界面积/液相体积 $\left(\dfrac{m^2}{m^3}\right)$	相界面积/反应器体积 $\left(\dfrac{m^2}{m^3}\right)$	液相所占体积分率	适用反应
低持液量	填料塔	1200	100	0.08	瞬间或快速反应
	板式塔	1000	150	0.15	中速或慢速反应
	喷淋塔	1200	60	0.05	瞬间反应或生成固体的反应
高存液量	鼓泡塔	20	20	0.98	中速或慢反应
	搅拌釜	200	200	0.90	中速或慢反应

(二)从操作条件考虑

1.对流体流动状况的要求

要求反应器中液体流动为全混流,可选用鼓泡塔或鼓泡搅拌釜。要求液体有一定返混,可选用安装有横向挡板的多段鼓泡反应器、填料鼓泡塔。要求返混尽可能小,对传质控制的气液反应,可选用填料塔和板式塔,对于反应控制的可选用多段串联鼓泡塔,如异丙苯氧化为过氧化氢异丙苯的氧化塔一般采用多层逆流板式塔。

2.对传热的要求

对于某些强放热反应,要求及时移出反应热,一般会选择鼓泡塔,因为鼓泡塔传热比表面积最大。

3.按操作的液气比大小

当液气比较小时,一般采用喷射塔,而不选用填料塔。当液气比很大时可选用填料塔。

4.从物料性质考虑

物料含固体,对于快反应,应选用板式塔,不宜选用填料塔,因填料塔易堵塞。对于中速或慢反应,可选用鼓泡塔或鼓泡搅拌釜。

当物料易起泡,一般填料塔好于板式塔,因为填料有对泡沫破碎的作用,有时还需在塔顶加装除沫器。

当物料有腐蚀性时,一般选用填料塔,而不选用板式,如选用板式塔,塔板需要耐腐蚀材料,大大提高设备投资费用。对于慢反应,宜选用内衬防腐材料的鼓泡塔。

对于高粘度物料,对于慢反应,一般采用鼓泡搅拌釜,通过搅拌提高传质和传热效果。对于快反应,填料塔优于板式塔。

任务实施

1.问题与思考

(1)鼓泡塔反应器有哪些主要结构?

(2)如何选择合适的气液反应装置?

(3)气液反应过程中,不同的反应速率对反应过程有何影响?

2.主导任务

工业上邻苯二甲酸是由邻二甲苯的氧化制备的,反应原理如下式所示:

邻二甲苯用空气进行氧化,反应温度为 $160℃$,压力为 $1.378MPa$(绝)。氧与邻二甲苯的反应为一级反应,反应速率常数 $k_1 = 3600h^{-1}$,氧在邻二甲苯中的扩散

系数为 $5.2 \times 10^{-6} \mathrm{m}^2/\mathrm{h}$,氧的溶解度系数为 $0.0788 \mathrm{kmol}/(\mathrm{m}^3 \cdot \mathrm{MPa})$;邻二甲苯的基础数据为:$\rho_L = 750 \mathrm{kg/m}^3$,$\sigma_L = 16.5 \times 10^{-3} \mathrm{N/m}$,$\mu_L = 0.828 \mathrm{kg}/(\mathrm{m} \cdot \mathrm{h})$;则适合此气液反应过程的反应器该如何进行选择,能使反应过程得到优化。已知此过程气泡平均大小为 $1.064 \times 10^{-3} \mathrm{m}$。

解 此条件下,气液之间的传质系数可由下式进行计算:

$$\frac{k_L d_B}{D_L} = 0.5 \left(\frac{\mu_L}{D_L \rho_L}\right)^{0.5} \left(\frac{g d_B \rho_L^2}{\mu_L^2}\right)^{0.25} \left(\frac{g d_B^2 \rho_L}{\sigma_L}\right)^{0.375}$$

得: $$k_L = 0.961 \mathrm{m/h}$$

$$M = \frac{D_L k_1}{k_L^2} = \frac{5.2 \times 10^{-5} \times 3600}{0.961^2} = 0.02$$

因为 M 远远小于 1,所以此反应过程为慢反应,反应过程为整个过程的控制步骤。选择液相体积大的反应装置将有利于反应过程,鼓泡塔反应器将是一种理想的选择。

项目五　反应器操作

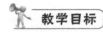

专业能力目标

　　通过本部分内容的学习和工作任务的训练,能利用图书馆、数据库等资源进行自主学习,掌握间歇反应釜、固定床反应器、流化床反应器以及鼓泡塔反应器的基本工作原理,并能在仿真软件中操作这些反应设备。

知识目标

　　(1)了解化工生产中常用反应器的分类方法及各自的适用场合;

　　(2)了解间歇反应的特点,掌握 2-巯基苯并噻唑的生产工艺;

　　(3)了解固定床反应器的特点,掌握催化加氢脱乙炔生产工艺。

　　(4)了解流化床反应器的特点,掌握 HIMONT 高抗冲共聚聚丙烯生产工艺;

　　(5)了解鼓泡塔反应器特点,掌握乙醛氧化制醋酸生产工艺。

方法能力目标

　　(1)具有信息检索能力;

　　(2)具有自我学习和自我提高能力;

　　(3)具有发现问题、分析问题和解决问题的能力;

　　(4)能够快速、正确地操作 2-巯基苯并噻唑工艺、催化加氢脱乙炔工艺"HIMONT高抗冲共聚聚丙烯工艺以及乙醛氧化制醋酸";

　　(5)能分析并解决生产中出现的异常现象。

社会能力目标

　　(1)具有团队精神和与人合作能力;

　　(2)具有与人交流沟通能力;

　　(3)具有较强的表达能力。

工作任务

　　在查阅文献的基础上,掌握间歇式反应釜、固定床反应器、流化床反应器以及鼓泡塔反应器的特点,快速正确地完成 2-巯基苯并噻唑生产、催化加氢脱乙炔、HIMONT 高抗冲共聚聚丙烯生产、乙醛氧化制醋酸等工艺的仿真操作。

任务一 间歇釜式反应器操作与控制

工作任务

在查阅文献的基础上,掌握间歇反应釜的特点和 2-巯基苯并噻唑生产工艺,在仿真软件中快速正确地操作 2-巯基苯并噻唑生产工艺,分析并排除生产中出现的异常现象。

任务分析

本任务旨在通过仿真软件操作 2-巯基苯并噻唑生产工艺,掌握间歇反应生产的特点及操作要点,并掌握 2-巯基苯并噻唑的生产工艺。

(1)通过查阅相关资料,掌握间歇反应生产的特点、常用间歇反应器的种类及其操作要点。

(2)查阅相关资料,大致掌握 2-巯基苯并噻唑生产工艺流程。

(3)在仿真软件中反复操作 2-巯基苯并噻唑生产工艺,同时与其他同学交流,仔细体会、印证间歇反应釜操作要领,掌握并理解 2-巯基苯并噻唑生产的工艺控制点。

技术理论

2-巯基苯并噻唑是噻唑类橡胶硫化促进剂中的一个重要品种,同时还是一种抗氧化、抗腐蚀的重要助剂。噻唑类橡胶硫化促进剂的硫化速度并不是很快,但硫化状态比较平缓,硫化物性能良好,因此是一类通用助剂。2-巯基苯并噻唑为通用型橡胶促进剂,对天然胶和一般硫黄硫化的合成胶具有快速促进作用,其硫化临界温度低。作为酸性硫化促进剂,可以使橡胶制品具有很高的拉伸强度和硬度,通过选择不同的组合成分,还能使其满足不同要求的性能,可用作增塑剂,增加天然胶的塑性。但是本品本身带有苦味,不适合用于制造与食品接触的橡胶制品,主要用于制造轮胎和胶带等工业品。2-巯基苯并噻唑主要有三种生产工艺,均采用间歇式反应釜进行生产。

一、间歇反应操作与间歇反应釜

(一)间歇反应釜

化工反应设备复杂而多样化,根据反应器的不同特性,有不同的分类方法,其中按结构形式的特点分成如下几种形式：管式反应器、釜式反应器、塔式反应器、固定床反应器、流化床反应器和移动床反应器。

釜式反应器一般用来进行间歇式的化学反应，在生产中属于间歇操作。其结构包括釜主体、搅拌装置、传热装置、传动装置、轴密封装置以及工艺接管六部分。

间歇式反应釜结构简单、加工方便，传质、传热效率高，操作灵活性大，便于控制和改变反应条件。反应时，反应物料一次加入，产物一次取出，同一瞬时，反应器内各点温度、浓度分布均匀。其操作为非稳态操作，反应过程中，温度、浓度、反应速度随着反应时间而变。但在间歇式反应的操作过程中，辅助时间占的比例大，劳动强度高，生产效率低。

（二）间歇反应操作

工业反应器有间歇、连续、半连续（或半间歇）三种操作方式。

1. 间歇操作

将进行反应所需的原料一次性加入反应器内，然后在其中反应，经过一定时间后达到所要求的反应程度后卸出全部反应物料，接着清理反应器，继续进行下一批原料反应。

2. 连续操作

连续地将原料输入反应器，反应产物也连续地从反应器流出，采用连续操作的反应器叫连续反应器或流动反应器。连续操作多属于定态操作，反应器内任何部位的物系参数，如浓度、温度等均不随时间而改变，但却随位置而改变。

3. 半连续操作

原料和产物只要有一种为连续输入或输出而其余则为分批加入或卸出的操作，均属于半连续操作，相应的反应器称为半连续反应器或半间歇反应器。

半连续操作同时具有连续操作和间歇操作的某些特征，半连续反应器的物系组成必然既随时间而改变，也随反应器内的位置而改变。

二、2-巯基苯并噻唑生产工艺及其仿真操作

（一）2-巯基苯并噻唑生产工艺

2-巯基苯并噻唑在工业上大多采用邻硝基氯苯法、苯胺法、硝基苯和苯胺混合法这三种方法合成，三种方法各有其优缺点。其中邻硝基氯苯法原料价格高，生产工艺复杂；硝基苯和苯胺混合法不但生产成本低，而且可使反应产生的 H_2S 比苯胺法降低 1/3，但由于存在着反应难以控制和对反应器材质要求高的问题，目前国内仅少数企业利用此法生产；苯胺法合成 2-巯基苯并噻唑是我国各助剂厂普遍采用的方法，在高温、高压下，由苯胺加二硫化碳和硫黄直接反应制得 2-巯基苯并噻

唑。苯胺法生产 2-巯基苯并噻唑的特点是原料来源稳定，操作难度小，对反应器材质要求低；其缺点是由于该法生产的粗产品中 2-巯基苯并噻唑含量较低（85％），焦油量大，收率较低。

在此，主要介绍邻硝基氯苯法生产 2-硫基苯并噻唑工艺。全流程的缩合反应包括备料工序和缩合工序。考虑到突出重点，将备料工序略去。缩合工序共有三种原料：多硫化钠（Na_2S_n）、邻硝基氯苯（$C_6H_4ClNO_2$）及二硫化碳（CS_2）。

主反应如下：

$$2C_6H_4ClNO_2 + Na_2S_n \longrightarrow C_{12}H_8N_2S_2O_4 + 2NaCl + (n-2)S\downarrow$$
$$C_{12}H_8N_2S_2O_4 + 2CS_2 + 2H_2O + 3Na_2S_n \longrightarrow 2C_7H_4NS_2Na + 2H_2S$$
$$+ 3Na_2S_2O_3 + (3n+4)S\downarrow$$

副反应如下：

$$C_6H_4ClNO_2 + Na_2S_n + H_2O \longrightarrow C_6H_6NCl + Na_2S_2O_3 + S\downarrow$$

工艺流程如下：

来自备料工序的 CS_2、$C_6H_4ClNO_2$、Na_2S_n 分别注入计量罐及沉淀罐中，经计量沉淀后利用位差及离心泵压入反应釜中，釜温由夹套中的蒸汽、冷却水及蛇管中的冷却水控制，设有分程控制 TIC101（只控制冷却水），通过控制反应釜温度来控制反应速度及副反应速度，以便获得较高的收率及确保反应过程安全。

在本工艺流程中，主反应的活化能要比副反应的活化能高，因此升温后更利于反应收率。在 90℃ 的时候，主反应和副反应的速度比较接近，因此，要尽量延长反应温度在 90℃ 以上的时间，以获得更多的主反应产物。

（二）2-巯基苯并噻唑生产仿真操作

仿真操作的 DCS 操作界面如图 5-1 所示，其中：

R01：间歇反应釜

VX01：CS_2 计量罐

VX02：邻硝基氯苯计量罐

VX03：Na_2S_n 沉淀罐

PUMP1：离心泵

1. 开车操作规程

开车前，装置开工状态为各计量罐、反应釜、沉淀罐处于常温、常压状态，各种物料均已备好，大部分阀门、机泵处于关停状态（除蒸汽联锁阀外）。

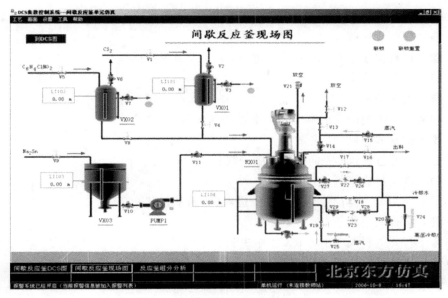

图 5-1 间歇反应釜 DCS 操作界面

（1）备料过程

①向沉淀罐 VX03 进料（Na_2S_n）。

● 开阀门 V9，开度约为 50%，向罐 VX03 充液；

● VX03 液位接近 3.60m 时，关小 V9，至 3.60m 时关闭 V9；

● 静置 4min（实际 4h）备用。

②向计量罐 VX01 进料（CS_2）。

● 开放空阀门 V2；

● 开溢流阀门 V3；

● 开进料阀 V1，开度约为 50%，向罐 VX01 充液，液位接近 1.4m 时，可关小 V1；

● 溢流标志变绿后，迅速关闭 V1；

● 待溢流标志再度变红后，可关闭溢流阀 V3。

③向计量罐 VX02 进料（邻硝基氯苯）。

● 开放空阀门 V6；

● 开溢流阀门 V7；

● 开进料阀 V5，开度约为 50%，向罐 VX01 充液，液位接近 1.2m 时，可关小 V2；

● 溢流标志变绿后，迅速关闭 V5；

● 待溢流标志再度变红后，可关闭溢流阀 V7。

（2）进料

①微开放空阀 V12，准备进料。

②从 VX03 中向反应器 RX01 中进料（Na_2S_n）。

● 打开泵前阀 V10，向进料泵 PUM1 中充液；

- 打开进料泵 PUM1；
- 打开泵后阀 V11，向 RX01 中进料；
- 至液位小于 0.1m 时停止进料，关泵后阀 V11；
- 关泵 PUM1；
- 关泵前阀 V10。

③从 VX01 中向反应器 RX01 中进料（CS$_2$）。

- 检查放空阀 V2 开放；
- 打开进料阀 V4 向 RX01 中进料；
- 待进料完毕后关闭 V4；

④从 VX02 中向反应器 RX01 中进料（邻硝基氯苯）。

- 检查放空阀 V6 开放；
- 打开进料阀 V8 向 RX01 中进料；
- 待进料完毕后关闭 V8。

⑤进料完毕后关闭放空阀 V12。

（3）开车阶段

①检查放空阀 V12、进料阀 V4、V8、V11 是否关闭，打开联锁控制。

②开启反应釜搅拌电机 M1。

③适当打开夹套蒸汽加热阀 V19，观察反应釜内温度和压力上升情况，保持适当的升温速度。

④控制反应温度直至反应结束。

（4）反应过程控制

①当温度升至 55～65℃关闭 V19，停止通蒸汽加热。

②当温度升至 70～80℃时微开 TIC101（冷却水阀 V22、V23），控制升温速度。

③当温度升至 110℃以上时，是反应剧烈的阶段，应小心加以控制，防止超温。当温度难以控制时，打开高压水阀 V20，并可关闭搅拌器 M1 以使反应降速。当压力过高时，可微开放空阀 V12 以降低气压，但放空会使 CS$_2$ 损失，污染大气。

④反应温度大于 128℃时，相当于压力超过 8atm，已处于事故状态，如联锁开关处于"on"的状态，联锁起动（开高压冷却水阀，关搅拌器，关加热蒸汽阀）。

⑤压力超过 15atm（相当于温度大于 160℃），反应釜安全阀作用。

2. 热态操作规程

（1）反应中要求的工艺参数

①反应釜中压力不大于 8 个大气压。

②冷却水出口温度不小于 60℃，如小于 60℃易使硫在反应釜壁和蛇管表面结晶，使传热不畅。

（2）主要工艺生产指标的调整方法

①温度调节：操作过程中以温度为主要调节对象，以压力为辅助调节对象。升

温慢会引起副反应速度大于主反应速度的时间段过长,因而引起反应的产率低。升温快则容易反应失控。

②压力调节:压力调节主要是通过调节温度实现的,但在超温的时候可以微开放空阀,使压力降低,以达到安全生产的目的。

③收率:由于在90℃以下时,副反应速度大于正反应速度,因此在安全的前提下快速升温是收率高的保证。

3.停车操作规程

在冷却水量很小的情况下,反应釜的温度下降仍较快,则说明反应接近尾声,可以进行停车出料操作了。

①打开放空阀 V12 约 5～10s,放掉釜内残存的可燃气体,关闭 V12。

②向釜内通增压蒸汽。

● 打开蒸汽总阀 V15;

● 打开蒸汽加压阀 V13 给釜内升压,使釜内气压高于 4atm。

③打开蒸汽预热阀 V14 片刻。

④打开出料阀门 V16,出料。

⑤出料完毕后,保持开 V16 约 10s 进行吹扫。

⑥关闭出料阀 V16(尽快关闭,超过 1min 不关闭将不能得分)。

⑦关闭蒸汽阀 V15。

4.事故处理操作

(1)超温(压)事故

原因:反应釜超温(超压)。

现象:温度大于 128℃(气压大于 8atm)。

处理:

①开大冷却水,打开高压冷却水阀 V20。

②关闭搅拌器 PUM1,使反应速度下降。

③如果气压超过 12atm,打开放空阀 V12。

(2)搅拌器 M1 停转

原因:搅拌器坏。

现象:反应速度逐渐下降为低值,产物浓度变化缓慢。

处理:停止操作,出料维修。

(3)冷却水阀 V22、V23 卡住(堵塞)

原因:蛇管冷却水阀 V22 卡住。

现象:开大冷却水阀对控制反应釜温度无作用,且出口温度稳步上升。

处理:开冷却水旁路阀 V17 调节。

(4)出料管堵塞

原因:出料管硫黄结晶,堵住出料管。

现象：出料时，内气压较高，但釜内液位下降很慢。

处理：开出料预热蒸汽阀 V14 吹扫 5min 以上（仿真中采用）。拆下出料管用火烧化硫黄，或更换管段及阀门。

(5)测温电阻连线故障

原因：测温电阻连线断。

现象：温度显示置零。

处理：改用压力显示对反应进行调节（调节冷却水用量）。

升温至压力为 0.3～0.75atm 就停止加热。

升温至压力为 1.0～1.6atm 开始通冷却水。

压力为 3.5～4atm 以上为反应剧烈阶段。

反应压力大于 7atm，相当于温度大于 128℃处于故障状态。

反应压力大于 10atm，反应器联锁起动。

反应压力大于 15atm，反应器安全阀起动。（以上压力为表压。）

 任务实施

1. 问题思考

(1)简述橡胶硫化促进剂间歇反应过程的工艺流程。

(2)本间歇反应历经了几个阶段？每个阶段有何特点？

(3)本间歇反应釜有哪些部件？有哪些操作点？在反应过程中各起什么作用？

(4)为什么反应剧烈阶段初期，夹套与蛇管冷却水量不得过大？是否和基本原理相矛盾？

(5)什么是主反应？什么是副反应？主副反应的竞争会导致什么结果？

2. 主导任务

根据仿真操作任务，查阅相关资料，完成下面表格：

间歇反应器部分	
间歇反应的特点	
间歇反应釜的结构与组成部分及各部分的作用	
间歇反应器优点	
间歇反应器缺点	
2-巯基苯并噻唑工艺部分	
2-巯基苯并噻唑的生产有哪几种工艺？各有何优缺点？	
本次仿真操作采用何种工艺？	
主反应方程式	
副反应方程式	
如何尽量避免副反应	
主要工艺设备及各自作用	

任务二　固定床反应器的操作与控制

工作任务

　　在查阅文献的基础上,掌握固定床反应器的特点和催化加氢脱乙炔工艺,在仿真软件中快速正确地操作催化加氢脱乙炔工艺,分析并排除生产中出现的异常现象。

任务分析

　　本任务旨在通过仿真软件操作催化加氢脱乙炔生产工艺,掌握固定床反应器的特点及操作要点,并掌握催化加氢脱乙炔的生产工艺。

　　(1)通过查阅相关资料,掌握固定床反应器的特点、常用固定床反应器的种类及其操作要点。

　　(2)查阅相关资料,大致掌握催化加氢脱乙炔生产工艺流程。

　　(3)在仿真软件中反复操作催化加氢脱乙炔生产工艺,同时与其他同学交流,仔细体会、印证固定床反应器操作要领,掌握并理解催化加氢脱乙炔生产的工艺控制点。

技术理论

一、工艺流程说明

(一)工艺说明

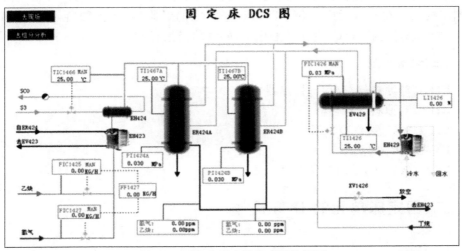

图 5-2　固定床反应器仿真操作界面

本流程为利用催化加氢脱乙炔的工艺,图 5-2 为其流程图。乙炔是通过等温加氢反应器除掉的,反应器温度由壳侧中冷剂温度控制。

主反应为:$nC_2H_2 + 2nH_2 \longrightarrow (C_2H_6)_n$,该反应是放热反应。每克乙炔反应后放出热量约为 34000 千卡。温度超过 66℃时有副反应为:$2nC_2H_4 \longrightarrow (C_4H_8)_n$,该反应也是放热反应。

冷却介质为液态丁烷,通过丁烷蒸发带走反应器中的热量,丁烷蒸汽通过冷却水冷凝。

反应原料分两股:一股为约-15℃的以 C_2 为主的烃原料,进料量由流量控制器 FIC1425 控制;另一股为 H_2 与 CH_4 的混合气,温度约 10℃,进料量由流量控制器 FIC1427 控制。FIC1425 与 FIC1427 为比值控制,两股原料按一定比例在管线中混合后经原料气/反应气换热器(EH-423)预热,再经原料预热器(EH-424)预热到 38℃,进入固定床反应器(ER-424A/B)。预热温度由温度控制器 TIC1466 通过调节预热器 EH-424 加热蒸汽(S3)的流量来控制。

ER-424A/B 中的反应原料在 2.523MPa、44℃下反应生成 C_2H_6。当温度过高时会发生 C_2H_4 聚合生成 C_4H_8 的副反应。反应器中的热量由反应器壳侧循环的加压 C_4 冷剂蒸发带走。C_4 蒸汽在水冷器 EH-429 中由冷却水冷凝,而 C_4 冷剂的压力由压力控制器 PIC—1426 通过调节 C_4 蒸汽冷凝回流量来控制,从而保持 C_4 冷剂的温度。

(二)本单元复杂控制回路说明

FFI1427:为一比值调节器。根据 FIC1425(以 C_2 为主的烃原料)的流量,按一定的比例,相适应地调整 FIC1427(H_2)的流量。

比值调节:工业上为了保持两种或两种以上物料的比例为一定值的调节叫比值调节。对于比值调节系统,首先是要明确哪种物料是主物料,而另一种物料按主物料来配比。在本单元中,FIC1425(以 C_2 为主的烃原料)为主物料,而 FIC1427(H_2)的量是随主物料(C_2 为主的烃原料)的量的变化而改变。

(三)设备一览

EH-423:原料气/反应气换热器

EH-424:原料气预热器

EH-429:C_4 蒸汽冷凝器

EV-429:C_4 闪蒸罐

ER424A/B:C_2X 加氢反应器

二、固定床单元的 DCS 操作

(一)开车

装置的开工状态为反应器和闪蒸罐都处于已进行过氮气冲压置换后,保压在

0.03MPa 状态,可以直接进行实气冲压置换。

1. EV-429 闪蒸器充丁烷

(1)确认 EV-429 压力为 0.03MPa。

(2)打开 EV-429 回流阀 PV1426 的前后阀 VV1429、VV1430。

(3)调节 PV1426(PIC1426)阀,开度为 50%。

(4)EH-429 通冷却水,打开 KXV1430,开度为 50%。

(5)打开 EV-429 的丁烷进料阀门 KXV1420,开度 50%。

(6)当 EV-429 液位到达 50%时,关进料阀 KXV1420。

2. ER-424A 反应器充丁烷

①确认事项

②反应器 0.03MPa 保压。

(2)EV-429 液位到达 50%。

(2)充丁烷

打开丁烷冷剂进 ER-424A 壳层的阀门 KXV1423,有液体流过,充液结束;同时打开出 ER-424A 壳层的阀门 KXV1425。

3. ER-424A 启动

(1)启动前准备工作

①ER-424A 壳层有液体流过。

②打开 S3 蒸汽进料控制 TIC1466。

③调节 PIC-1426 设定,压力控制设定在 0.4MPa。

(2)ER-424A 充压、实气置换

①打开 FIC1425 的前后阀 VV1425、VV1426 和 KXV1412。

②打开阀 KXV1418。

③微开 ER-424A 出料阀 KXV1413,丁烷进料控制 FIC1425(手动),慢慢增加进料,提高反应器压力,充压至 2.523MPa。

④慢开 ER-424A 出料阀 KXV1413 至 50%,充压至压力平衡。

⑤乙炔原料进料控制 FIC1425 设自动,设定值 56186.8kg/h。

(3)ER-424A 配氢,调整丁烷冷剂压力

①稳定反应器入口温度在 38.0℃,使 ER-424A 升温。

②当反应器温度接近 38.0℃(超过 35.0℃),准备配氢,打开 FV1427 的前后阀 VV1427、VV1428。

③氢气进料控制 FIC1427 设自动,流量设定 80kg/h。

④观察反应器温度变化,当氢气量稳定后,FIC1427 设手动。

⑤缓慢增加氢气量,注意观察反应器温度变化。

⑥氢气流量控制阀开度每次增加不超过 5%。

⑦氢气量最终加至 200kg/h 左右,此时 $H_2/C_2=2.0$,FIC1427 投串级。

⑧控制反应器温度44.0℃左右。

(二)正常操作

1.正常工况下工艺参数

(1)正常运行时,反应器温度TI1467A为44.0℃,压力PI1424A控制在2.523MPa。

(2)FIC1425设自动,设定值56186.8kg/h,FIC1427设串级。

(3)PIC1426压力控制在0.4MPa,EV-429温度TI1426控制在38.0℃。

(4)TIC1466设自动,设定值38.0℃。

(5)ER-424A出口氢气浓度低于50ppm,乙炔浓度低于200ppm。

(6)EV429液位LI1426为50%。

2.ER-424A与ER-424B间切换

(1)关闭氢气进料。

(2)ER-424A温度下降低于38.0℃后,打开C_4冷剂进ER-424B的阀KXV1424、KXV1426,关闭C_4冷剂进ER-424A的阀KXV1423、KXV1425。

(3)开C_2H_2进ER-424B的阀KXV1415,微开KXV1416。关C_2H_2进ER-424A的阀KXV1412。

3.ER-424B的操作

ER-424B的操作与ER-424A操作相同。

(三)停车操作规程

1.正常停车

(1)关闭氢气进料,关VV1427、VV1428,FIC1427设手动,设定值为0%。

(2)关闭加热器EH-424蒸汽进料,TIC1466设手动,开度0%。

(3)闪蒸器冷凝回流控制PIC1426设手动,开度100%。

(4)逐渐减少乙炔进料,开大EH-429冷却水进料。

(5)逐渐降低反应器温度、压力,至常温、常压。

(6)逐渐降低闪蒸器温度、压力,至常温、常压。

2.紧急停车

(1)与停车操作规程相同。

(2)也可按急停车按钮(在现场操作图上)。

(四)联锁说明

该单元有一联锁,也有一联锁复位按钮。

1.联锁源

(1)现场手动紧急停车(紧急停车按钮)。

（2）反应器温度高报（TI1467A/B＞66℃）。

2.联锁动作

（1）关闭氢气进料，FIC1427设手动。

（2）关闭加热器EH-424蒸汽进料，TIC1466设手动。

（3）闪蒸器冷凝回流控制PIC1426设手动，开度100％。

（4）自动打开电磁阀XV1426。

注：在复位前，应首先确定反应器温度已降回正常，同时处于手动状态的各控制点的设定应设成最低值。

(五)事故处理

1.氢气进料阀卡住

原因：FIC1427卡在20％处。

现象：氢气量无法自动调节。

处理：降低EH-429冷却水的量，用旁路阀KXV1404手工调节氢气量。

2.预热器EH-424阀卡住

原因：TIC1466卡在70％处。

现象：换热器出口温度超高。

处理：增加EH-429冷却水的量，减少配氢量。

3.闪蒸罐压力调节阀卡

原因：PIC1426卡在20％处。

现象：闪蒸罐压力，温度超高。

处理：增加EH-429冷却水的量，用旁路阀KXV1434手工调节。

4.反应器漏气

原因：反应器漏气，KXV1414卡在50％处。

现象：反应器压力迅速降低。

处理：停工。

5.EH-429冷却水停

原因：EH-429冷却水供应停止。

现象：闪蒸罐压力，温度超高。

处理：停工。

6.反应器超温

原因：闪蒸罐通向反应器的管路有堵塞。

现象：反应器温度超高，会引发乙烯聚合的副反应。

处理：增加EH-429冷却水的量。

任务实施

1. 问题思考

(1)结合本单元说明比例控制的工作原理。

(2)为什么是根据乙炔的进料量调节配氢气的量;而不是根据氢气的量调节乙炔的进料量?

(3)根据本单元实际情况,说明反应器冷却剂的自循环原理。

(4)观察 EH-429 冷却器中的冷却水中断后会造成的结果。

(5)结合本单元实际,理解"连锁"和"连锁复位"的概念。

2. 主导任务

根据仿真操作,查阅相关资料,完成下面表格:

固定床反应器部分	
固定床反应器定义及其应用场合	
固定床反应器种类及各自的适用场合	
固定床反应器优点	
固定床反应器缺点	
催化加氢脱乙炔工艺部分	
主反应方程式	
副反应方程式	
如何避免副反应	
主要工艺设备及各自作用	

任务三 流化床反应器的操作与控制

工作任务

在查阅文献的基础上,掌握流化床反应器的特点和 HIMONT 高抗冲共聚聚丙烯的生产工艺,在仿真软件中快速正确地操作生产工艺,分析并排除生产中出现的异常现象。

任务分析

本任务旨在通过东方仿真软件反复操作 HIMONT 高抗冲共聚聚丙烯生产工艺,掌握该工艺流程及其控制要点,并达到掌握流化床反应器操作要点的目的。

（1）通过查阅相关资料，掌握流化床反应器的特点、常用流化床反应器的种类及其操作要点。

（2）查阅相关资料，掌握高分子聚合反应的基本概念，大致了解HIMONT高抗冲共聚聚丙烯的生产工艺流程。

（3）在仿真软件中反复操作HIMONT高抗冲共聚聚丙烯生产工艺，同时与其他同学交流，仔细体会、印证流化床反应器的操作要领，掌握并理解该生产工艺操作要点。

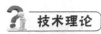 技术理论

一、聚丙烯（PP）

聚丙烯 Polypropylene（PP）是以丙烯为单体聚合而成的聚合物，是通用塑料中的一个重要品种。PP的热性能和机械性能的优异结合使其在很多领域如注塑、薄膜及纤维生产中得到广泛应用，它的通用性加上经济性使其应用在60年代和70年代初期得到了快速发展，很快成为最重要的热塑性产品之一。

根据参加聚合反应的单体类型，聚丙烯可分为均聚聚丙烯（PP-H）和共聚聚丙烯。

均聚聚丙烯是指在聚丙烯主链上只有一种链节，而共聚聚丙烯在主链上除丙烯链节外还分布着其他单体反应后形成的链节。共聚聚丙烯在很大程度上可以改变聚丙烯的性能。

丙烯和乙烯共聚的聚丙烯又可分为嵌段共聚和无规共聚两种，其英文缩写分别为PP-B和PP-R。

PP-B是在单一的丙烯聚合后除去未反应的丙烯，再与乙烯聚合而得到的，实际上是由聚丙烯、聚乙烯和末端嵌段共聚物组成的混合物，它既保持了一定程度的刚性，又提高了聚丙烯的抗冲击性能，特别是低温抗冲击性能，但透明度和光泽度下降明显。

PP-R是将丙烯及乙烯单体混合在一起聚合，在聚合物主链上无规则地分布着丙烯单体或乙烯单体反应后的链段。乙烯链段的存在使共聚物无法结晶，即使乙烯含量很少，也会使聚丙烯的结晶能力大大降低。例如含3％乙烯时，聚丙烯的玻璃化温度下降11℃，如果用此种聚丙烯为原料制成薄膜，其使用最低温度可降低10℃左右。

PP-R的特征是结晶度低、透明性好，较之均聚聚丙烯（PP-H），在同样的熔体流动速率情况下，PP-R的脆化温度显著降低，冲击强度也有所提高。近年来无规共聚聚丙烯PP-R在热水给水管道上的应用得到认可，并得以大规模推广应用。用PP-R制成的管材料输送70℃的热水，长期内压达到1MPa时，使用寿命可达到

50 年。同时由于材料的导热系数仅为合金钢管二百分之一,故在输送热水时,保温性能极佳,用于热水及采暖系统可显著节能。

二、HIMONT 高抗冲共聚聚丙烯生产工艺及其仿真操作

(一)工艺流程及设备

图 5-3 为 HIMONT 高抗冲共聚聚丙烯生产 DCS 图。

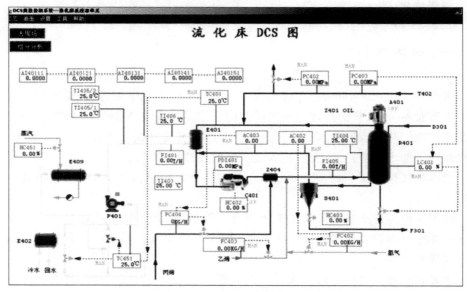

图 5-3　流化床反应器仿真操作界面

图中,各编号对应的设备为:

A401:R401 的刮刀

C401:R401 循环压缩机

E401:R401 气体冷却器

E409:夹套水加热器

P401:开车加热泵

R401:共聚反应器(流化床反应器)

S401:R401 旋风分离器

具有剩余活性的干均聚物(聚丙烯),在压差作用下自闪蒸罐 D-301 流到该气相共聚反应器 R-401。

在气体分析仪的控制下,氢气被加到乙烯进料管道中,以改进聚合物的本征粘度,满足加工需要。

聚合物从顶部进入流化床反应器 R401,落在流化床的床层上。流化气体(反

应单体)通过一个特殊设计的栅板进入反应器。由反应器底部出口管路上的控制阀来维持聚合物的料位。聚合物料位决定了停留时间,从而决定了聚合反应的程度,为了避免过度聚合的鳞片状产物堆积在反应器壁上,反应器内配置一转速较慢的刮刀 A401,以使反应器壁保持干净。

栅板下部夹带的聚合物细末,用一台小型旋风分离器 S401 除去,并送到下游的袋式过滤器中。

所有未反应的单体循环返回到流化压缩机的吸入口。

来自乙烯汽提塔顶部的回收气相与气相反应器出口的循环单体汇合,而补充的氢气,乙烯和丙烯加入到压缩机排出口。

循环气体用工业色谱仪进行分析,调节氢气和丙烯的补充量。

然后调节补充的丙烯进料量以保证反应器的进料气体满足工艺要求的组成。

用脱盐水作为冷却介质,用一台立式列管式换热器将聚合反应热撤出。该热交换器位于循环气体压缩机之前。

共聚物的反应压力约为 1.4MPa(表),70℃,注意,该系统压力位于闪蒸罐压力和袋式过滤器压力之间,从而在整个聚合物管路中形成一定压力梯度,以避免容器间物料的返混并使聚合物向前流动。

图中 AI40111、AI40121、AI40131、AI40141、AI40151 分别为反应产物中 H_2、C_2H_4、C_2H_6、C_3H_6、C_3H_8 的含量。

(二)反应机理

乙烯、丙烯以及反应混合气在一定的温度(70℃)、一定的压力(1.35MPa)下,通过具有剩余活性的干均聚物(聚丙烯)的引发,在流化床反应器里进行反应,同时加入氢气以改善共聚物的本征粘度,生成高抗冲击共聚物。

主要原料:乙烯;丙烯;具有剩余活性的干均聚物(聚丙烯);氢气。

主产物:高抗冲击共聚物(具有乙烯和丙烯单体的共聚物)。

副产物:无。

反应方程式:

$$nC_2H_4 + nC_3H_6 \longrightarrow [C_2H_4—C_3H_6]_n$$

(三)装置操作规程

1.冷态开车规程

本操作规程仅供参考,详细操作以评分系统为准。

(1)开车准备

准备工作:系统中用氮气充压,循环加热氮气,随后用乙烯对系统进行置换(按照实际正常的操作,用乙烯置换系统要进行两次,考虑到时间关系,只进行一次)。这一过程完成之后,系统将准备开始单体开车。

①系统氮气充压加热

● 充氮：打开充氮阀，用氮气给反应器系统充压，当系统压力达 0.7MPa（表）时，关闭充氮阀。

● 当氮充压至 0.1MPa（表）时，按照正确的操作规程，启动 C401 共聚循环气体压缩机，将导流叶片（HIC402）定在 40％。

● 环管充液：启动压缩机后，开进水阀 V4030，给水罐充液，开氮封阀 V4031。

● 当水罐液位大于 10％时，开泵 P401 入口阀 V4032，启动泵 P401，调节泵出口阀 V4034 至 60％开度。

● 手动开低压蒸汽阀 HC451，启动换热器 E-409，加热循环氮气。

● 打开循环水阀 V4035。

● 当循环氮气温度达到 70℃时，TC451 设自动，调节其设定值，维持氮气温度 TC401 在 70℃左右。

②氮气循环

● 当反应系统压力达 0.7MPa 时，关充氮阀。

● 在不停压缩机的情况下，用 PIC402 和排放阀给反应系统泄压至0.0MPa（表）。

● 在充氮泄压操作中，不断调节 TC451 设定值，维持 TC401 温度在 70℃左右。

③乙烯充压

● 当系统压力降至 0.0MPa（表）时，关闭排放阀。

● 由 FC403 开始乙烯进料，乙烯进料量为在 567.0kg/h 时设自动调节，乙烯使系统压力充至 0.25MPa（表）。

（2）干态运行开车

本规程旨在聚合物进入之前，共聚集反应系统具备合适的单体浓度，另外通过该步骤也可以在实际工艺条件下，预先对仪表进行操作和调节。

①反应进料

● 当乙烯充压至 0.25MPa（表）时，启动氢气的进料阀 FC402，氢气进料设定在 0.102kg/h，FC402 设自动控制。

● 当系统压力升至 0.5MPa（表）时，启动丙烯进料阀 FC404，丙烯进料设定在 400kg/h，FC404 设自动控制。

● 打开自乙烯气体提升塔来的进料阀 V4010。

● 当系统压力升至 0.8MPa（表）时，打开旋风分离器 S-401 底部阀 HC403 至 20％开度，维持系统压力缓慢上升。

②准备接收 D301 来的均聚物

● 再次加入丙烯，将 FIC404 改为手动，调节 FV404 为 85％。

● 当 AC402 和 AC403 平稳后,调节 HC403 开度至 25%。

● 启动共聚反应器的刮刀,准备接收从闪蒸罐(D-301)来的均聚物。

(3)共聚反应物的开车

● 确认系统温度 TC451 维持在 70℃左右。

● 当系统压力升至 1.2MPa(表)时,开大 HC403 开度在 40% 和 LV401 在 20%～25%,以维持流态化。

● 打开来自 D-301 的聚合物进料阀。

● 停低压加热蒸汽,关闭 HV451。

(4)稳定状态的过渡

①反应器的液位

● 随着 R401 料位的增加,系统温度将升高,及时降低 TC451 的设定值,不断取走反应热,维持 TC401 温度在 70℃左右。

● 调节反应系统压力在 1.35MPa(表)时,PC402 设自动控制。

● 手动开启 LV401 至 30%,让共聚物稳定地流过此阀。

● 当液位达到 60% 时,将 LC401 设置为自动。

● 随系统压力的增加,料位将缓慢下降,PC402 调节阀自动开大,为了维持系统压力在 1.35MPa,缓慢提高 PC402 的设定值至 1.40MPa(表)。

● 当 LC401 在 60% 设自动控制后,调节 TC451 的设定值,待 TC401 稳定在 70℃左右时,TC401 与 TC451 设串级控制。

②反应器压力和气相组成控制

● 压力和组成趋于稳定时,将 LC401 和 PC403 设串级。

● FC404 和 AC403 串级联结。

● FC402 和 AC402 串级联结。

2.正常操作规程

正常工况下的工艺参数:

(1)FC402:调节氢气进料量(与 AC402 串级)正常值为 0.35kg/h。

(2)FC403:单回路调节乙烯进料量正常值为 567.0kg/h。

(3)FC404:调节丙烯进料量(与 AC403 串级)正常值为 400.0kg/h。

(4)PC402:单回路调节系统压力正常值为 1.4MPa。

(5)PC403:主回路调节系统压力正常值为 1.35MPa。

(6)LC401:反应器料位(与 PC403 串级)正常值为 60%。

(7)TC401:主回路调节循环气体温度正常值为 70℃。

(8)TC451:分程调节取走反应热量(与 TC401 串级)正常值为 50℃。

(9)AC402:主回路调节反应产物中 H_2/C_2 之比正常值为 0.18。

(10)AC403:主回路调节反应产物中 $C_2/C_3\&C_2$ 之比正常值为 0.38。

3.停车操作规程

本操作规程仅供参考,详细操作以评分系统为准。

(1)降反应器料位

①关闭催化剂来料阀 TMP20。

②手动缓慢调节反应器料位。

(2)关闭乙烯进料,保压

①当反应器料位降至 10％,关乙烯进料。

②当反应器料位降至 0％,关反应器出口阀。

③关旋风分离器 S-401 上的出口阀。

(3)关丙烯及氢气进料

①手动切断丙烯进料阀。

②手动切断氢气进料阀。

③排放导压至火炬。

④停反应器刮刀 A401。

(4)氮气吹扫

①将氮气加入该系统。

②当压力达 0.35MPa 时放火炬。

③停压缩机 C-401。

(四)事故及处理

(一)泵 P401 停

原因:运行泵 P401 停。

现象:温度调节器 TC451 急剧上升,然后 TC401 随之升高。

处理:(1)调节丙烯进料阀 FV404,增加丙烯进料量。

　　　(2)调节压力调节器 PC402,维持系统压力。

　　　(3)调节乙烯进料阀 FV403,维持 C_2/C_3 比。

(二)压缩机 C-401 停

原因:压缩机 C-401 停。

现象:系统压力急剧上升。

处理:(1)关闭催化剂来料阀 TMP20。

　　　(2)手动调节 PC402,维持系统压力。

　　　(3)手动调节 LC401,维持反应器料位。

(三)丙烯进料停

原因:丙烯进料阀卡。

现象:丙烯进料量为 0.0。

处理:(1)手动关小乙烯进料量,维持 C_2/C_3 比。

(2)关催化剂来料阀 TMP20。

(3)手动关小 PV402,维持压力。

(4)手动关小 LC401,维持料位。

(四)乙烯进料停

原因:乙烯进料阀卡。

现象:乙烯进料量为 0.0。

处理:(1)手动关丙烯进料,维持 C_2/C_3 比。

(2)手动关小氢气进料,维持 H_2/C_2 比。

(五)D301 供料停

原因:D301 供料阀 TMP20 关。

现象:D301 供料停止。

处理:(1)手动关闭 LV401。

(2)手动关小丙烯和乙烯进料。

(3)手动调节压力。

任务实施

1.问题思考

(1)在开车及运行过程中,为什么一直要保持氮封?

(2)熔融指数(MFR)表示什么? 氢气在共聚过程中起什么作用? 试描述 AC402 指示值与 MFR 的关系。

(3)气相共聚反应的温度为什么绝对不能偏差所规定的温度?

(4)气相共聚反应的停留时间是如何控制的?

(5)气相共聚反应器的流态化是如何形成的?

(6)冷态开车时,为什么要首先进行系统氮气充压加热?

2.主导任务

根据仿真操作,查阅相关资料,完成下面表格:

流化床反应器部分	
流化床反应器定义及其应用场合	
流化床反应器种类及各自的适用场合	
流化床反应器优点	
流化床反应器缺点	
HIMONT 共聚聚丙烯生产工艺部分	
主反应方程式	
副反应方程式	
如何避免副反应	
主要工艺设备及各自作用	

任务四　鼓泡塔反应器的操作与控制

工作任务

在查阅文献的基础上,掌握鼓泡塔反应器的特点和乙醛氧化制醋酸氧化工段生产工艺,在仿真软件中快速正确地操作乙醛氧化制醋酸氧化工段工艺,分析并排除生产中出现的异常现象。

任务分析

本任务旨在通过仿真软件操作乙醛氧化制醋酸氧化工段的生产工艺,掌握鼓泡塔反应器的特点及操作要点,并掌握乙醛氧化制醋酸生产工艺。

(1)通过查阅相关资料,掌握鼓泡塔反应器的特点,常用鼓泡塔反应器的种类及其操作要点。

(2)查阅相关资料,大致掌握乙醛氧化制醋酸氧化工段生产工艺流程。

(3)在仿真软件中反复操作乙醛氧化制醋酸氧化工段生产工艺,同时与其他同学交流,仔细体会、印证间歇反应釜操作要领,掌握并理解乙醛氧化制醋酸氧化工段的工艺控制点。

技术理论

乙酸又名醋酸,英文名称为 acetic acid,是具有刺激气味的无色透明液体,无水乙酸在低温时凝固成冰状,俗称冰醋酸。在 16.7℃ 以下时,纯乙酸呈无色结晶,其沸点是 118℃。乙酸蒸气刺激呼吸道及粘膜(特别是对眼睛的粘膜),浓乙酸可灼烧皮肤。乙酸是重要的有机酸之一。其结构式为:

$$H_3C-\overset{\overset{O}{\|}}{C}-OH$$

乙酸是稳定的化合物；但在一定的条件下，能引起一系列的化学反应。如在强酸（H_2SO_4 或 HCl）存在下，乙酸与醇共热，发生酯化反应：

$$CH_3COOH+C_2H_5OH \overset{H^+}{\rightleftharpoons} CH_3COOC_2H_5+H_2O$$

乙酸是许多有机物的良好溶剂，能与水、醇、酯和氯仿等溶剂以任意比例相混合。乙酸除用作溶剂外，还有广泛的用途，在化学工业中占有重要的位置，其用途遍及醋酸乙烯、醋酸纤维素、醋酸酯类等多个领域。乙酸是重要的化工原料，可制备多种乙酸衍生物如乙酸酐、氯乙酸、乙酸纤维素等，适用于生产对苯二甲酸、纺织印染、发酵制氨基酸，也可作为杀菌剂。在食品工业中，乙酸作为防腐剂；在有机化工中，乙酸裂解可制得乙酸酐，而乙酸酐是制取乙酸纤维的原料。另外，由乙酸制得聚酯类，可作为油漆的溶剂和增塑剂；某些酯类可作为进一步合成的原料。在制药工业中，乙酸是制取阿司匹林的原料。利用乙酸的酸性，可作为天然橡胶制造工业中的胶乳凝胶剂、照相的显像停止剂等。

乙酸的生产具有悠久的历史，早期乙酸是由植物原料加工而获得或者通过乙醇发酵的方法制得，也有通过木材干馏而获得的。目前，国内外已经开发出了乙酸的多种合成工艺，包括烷烃、烯烃及其酯类的氧化，其中应用最广的是利用乙醛氧化法在鼓泡塔反应器中氧化制备乙酸。下面分别介绍乙醛氧化制醋酸工艺及鼓泡塔反应器。

一、乙醛氧化制醋酸生产方法及工艺路线

（一）生产方法及反应机理

乙醛首先与空气或氧气氧化成过氧醋酸，而过氧醋酸很不稳定，在醋酸锰的催化下发生分解，同时使另一分子的乙醛氧化，生成二分子乙酸。氧化反应是放热反应。

$$CH_3CHO+O_2 \longrightarrow CH_3COOOH$$
$$CH_3COOOH+CH_3CHO \longrightarrow 2CH_3COOH$$

总的化学反应方程式为：

$$CH_3CHO+1/2O_2 \longrightarrow CH_3COOH+292.0kJ/mol$$

在氧化塔内，还有一系列的氧化反应，主要副产物有甲酸、甲酯、二氧化碳、水和醋酸甲酯等。

$$CH_3COOOH \longrightarrow CH_3OH+CO_2$$
$$CH_3OH+CO_2 \longrightarrow HCOOH+H_2O$$

$$CH_3COOOH + CH_3COOH \longrightarrow CH_3COOCH_3 + CO_2 + H_2O$$

$$CH_3OH + CH_3COOH \longrightarrow + H_2O$$

$$CH_3OH \longrightarrow CH_4 + CO$$

$$CH_3CH_2OH + CH_3COOH \longrightarrow CH_3COOC_2H_5 + H_2O$$

$$CH_3CH_2OH + HCOOH \longrightarrow HCOOC_2H_5 + H_2O$$

$$3CH_3CHO + 3O_2 \longrightarrow HCOOH + 2CH_3COOH + CO_2 + H_2O$$

$$4CH_3CHO + 5O_2 \longrightarrow 4CO_2 + 4H_2O$$

$$3CH_3CHO + 2O_2 \longrightarrow CH_3CH(OCOCH_3)_2 + H_2O$$

$$2CH_3COOH \longrightarrow CH_3COCH_3 + CO_2 + H_2O$$

$$CH_3COOH \longrightarrow CH_4 + CO_2$$

(二)工艺流程简述

图 5-4 为乙醛氧化制醋酸氧化工段的流程图。

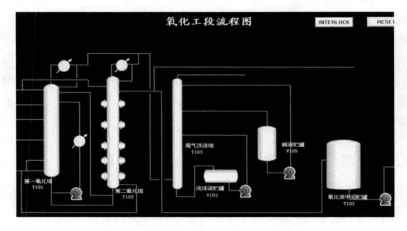

图 5-4　乙醛氧化制乙酸仿真操作界面

本反应装置系统采用双塔串联氧化流程,主要装置有第一氧化塔 T101、第二氧化塔 T102、尾气洗涤塔 T103、氧化液中间贮罐 V102、碱液贮罐 V105。其中 T101 是外冷式反应塔,反应液由循环泵从塔底抽出,进入换热器中以水带走反应热,降温后的反应液再由反应器的中上部返回塔内;T102 是内冷式反应塔,它是在反应塔内安装多层冷却盘管,管内以循环水冷却。

乙醛和氧气首先在全返混型的反应器——第一氧化塔 T101 中反应(催化剂溶液直接进入 T101 内),然后到第二氧化塔 T102 中,通过向 T102 中加氧气,进一步进行氧化反应(不再加催化剂)。第一氧化塔 T101 的反应热由外冷却器 E102A/B 移走,第二氧化塔 T102 的反应热由内冷却器移除,反应系统生成的粗醋酸送往蒸馏回收系统,制取醋酸成品。

蒸馏采用先脱高沸物、后脱低沸物的流程。

粗醋酸经氧化液蒸发器 E201 脱除催化剂,在脱高沸塔 T201 中脱除高沸物,然后在脱低沸塔 T202 中脱除低沸物,再经过成品蒸发器 E206 脱除铁等金属离子,得到产品醋酸。

从低沸塔 T202 顶出来的低沸物去脱水塔 T203 回收醋酸,含量 99％的醋酸又返回精馏系统,塔 T203 中部抽出副产物混酸,T203 塔顶出料去甲酯塔 T204。甲酯塔塔顶产出甲酯,塔釜排出废水去中和池处理。

限于篇幅,下面述及设备及流程请参考东方仿真软件乙醛氧化制醋酸氧化工段仿真的 DCS 界面。

乙醛和氧气按配比流量进入第一氧化塔 T101,氧气分两个入口入塔,上口和下口通氧量比约为 1∶2,氮气通入塔顶气相部分,以稀释气相中氧和乙醛。

乙醛与催化剂全部进入第一氧化塔,第二氧化塔不再补充。氧化反应的反应热由氧化液冷却器(E102A/B)移去,氧化液从塔下部用循环泵(P101A/B)抽出,经过冷却器(E102A/B)循环回塔中,循环比(循环量∶出料量)约 110～140∶1。冷却器出口氧化液温度为 60℃,塔中最高温度为 75～78℃,塔顶气相压力 0.2MPa(表),出第一氧化塔的氧化液中醋酸浓度在 92％～95％,从塔上部溢流去第二氧化塔 T102。

第二氧化塔为内冷式,塔底部补充氧气,塔顶也加入保安氮气,塔顶压力 0.1MPa(表),塔中最高温度约 85℃,出第二氧化塔的氧化液中醋酸含量为 97％～98％。

第一氧化塔和第二氧化塔的液位显示设在塔上部,显示塔上部的部分液位(全塔高 90％以上的液位)。

出氧化塔的氧化液一般直接去蒸馏系统,也可以放到氧化液中间贮罐 V102 暂存。中间贮罐的作用是:正常操作情况下做氧化液缓冲罐,停车或事故时存氧化液,醋酸成品不合格需要重新蒸馏时,由成品泵 P402 送来中间储存,然后用泵 P102 送蒸馏系统回炼。

两台氧化塔的尾气分别经循环水冷却的冷却器 E101 中冷却,凝液主要是醋酸,带少量乙醛,回到塔顶,尾气最后经过尾气洗涤塔 T103 吸收残余乙醛和醋酸后放空,洗涤塔采用下部为新鲜工艺水,上部为碱液,分别用泵 P103 和 P104 循环。洗涤液在常温下,含醋酸达到一定浓度后(70％～80％),送往精馏系统回收醋酸,碱洗段定期排放至中和池。

两台氧化塔均为鼓泡塔,但在冷却系统的设置上有所区别,第一氧化塔 T101 为外置式冷却,第二氧化塔 T102 为内置式冷却。内冷却和外冷是各有优缺点的反应形式。新的反应流程将第一氧化塔设计成外循环冷却的形式。据氧化反应的实验研究,宏观动力学的总反应级数接近于 1.0,说明此时反应将受氧气扩散速度所控制。根据有关研究,在一定气速条件下,氧气的吸收率和通过的液柱高度成正比。在 4m 深的液层下,氧化液中氧的吸收率达到 98％以上。对一个总高度达 18m 的塔来说,氧气入口在塔下部是足够的。因为氧化反应速度极高,取出反应热是第一位的因素,第一氧化塔做成外循环冷却型有特别的优越性。列管式换热器的制造也比内冷却塔简单得多。外冷却只是增加了循环泵的动力,这在整个醋酸生产流程的成本中只是占有极小的部分,第二氧化塔设计为改型的列管式内冷却形式,减小返混,适合深度氧化,在第二氧化塔内乙醛浓度已很低,在2%～3%,氧气量减少,冷却面积要求也小,做成可抽出的列管式换热器,便于检修。内冷与外冷相结合的双塔氧化比其他方法有较大的优点,提高了氧化液中醋酸浓度,达到97%以上,乙醛含量降低至0.2%左右,在后面的精制流程中省去了一个乙醛回收塔系。

二、鼓泡塔反应器操作与控制

(一)冷态开车/装置开工

1. 开工应具备的条件

(1)检修过的设备和新增的管线,必须经过吹扫、气密、试压、置换合格(若是氧气系统,还要脱酯处理)。

(2)电气、仪表、计算机、联锁、报警系统全部调试完毕,调校合格。

(3)机电、仪表、计算机、化验分析具备开工条件,值班人员在岗。

(4)备有足够的开工用原料和催化剂。

2. 引公用工程

3. N_2 吹扫、置换气密

4. 系统水运试车

5. 酸洗反应系统

(1)首先将尾气吸收塔T103的放空阀V45打开;从罐区V402(开阀V57)将酸送入V102中,而后由泵P102向第一氧化塔T101进酸,T101见液位(约为2%)后停泵P102,停止进酸。"快速灌液"说明,向T101灌乙酸时,选择"快速灌液"按钮,在LIC101有液位显示之前,灌液速度加速10倍,有液位显示之后,速度变为正常;对T102灌酸时类似。使用"快速灌液"只是为了节省操作时间,但并不符合工艺操作原则,由于是局部加速,有可能会造成液体总量不守衡,为保证正常操作,将"快速灌液"按钮设为一次有效性,即只能对该按钮进行一次操作,操作后,按钮消失;如果一直不对该按钮操作,则在循环建立后,该按钮也消失。该加速过程只对"酸洗"和"建立循环"有效。

(2)开氧化液循环泵P101,循环清洗T101。

(3)用 N_2 将T101中的酸经塔底压送至第二氧化塔T102,T102见液位后关来料阀停止进酸。

(4)将T101和T102中的酸全部退料到V102中,供精馏开车。

(5)重新由V102向T101进酸,T101液位达30%后向T102进料,精馏系统正常出料,建立全系统酸运大循环。

6. 全系统大循环和精馏系统闭路循环

(1) 氧化系统酸洗合格后,要进行全系统大循环:

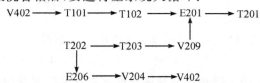

(2) 在氧化塔配制氧化液和开车时,精馏系统需闭路循环。脱水塔 T203 全回流操作,成品醋酸泵 P204 向成品醋酸储罐 V402 出料,P402 将 V402 中的酸送到氧化液中间罐 V102,由氧化液输送泵 P102 送往氧化液蒸发器 E201,构成下列循环:(属另一工段)

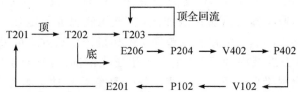

等待氧化开车正常后逐渐向外出料。

7. 第一氧化塔配制氧化液

向 T101 中加醋酸,见液位后(LIC101 约为 30%),停止向 T101 进酸。向其中加入少量醛和催化剂,同时打开泵 P101A/B 循环,开 E102A 通蒸汽为氧化液循环液加热,循环流量保持在 700000kg/h(通氧前),氧化液温度保持在 70～76℃,直到浓度符合要求(醛含量约为 7.5%)。

8. 第一氧化塔投氧开车

(1) 开车前联锁设为自动;

(2) 投氧前氧化液温度保持在 70～76℃,氧化液循环量 FIC104 控制在 700000kg/h。

(3) 控制 FIC101 N_2 流量为 120m³/h。

(4) 按如下方式通氧:

①用 FIC110 小投氧阀进行初始投氧,氧量小于 100m³/h。

特别注意两个参数的变化:LIC101 液位上涨情况;尾气含氧量 AIAS101 三块表是否上升。其次,随时注意塔底液相温度、尾气温度和塔顶压力等工艺参数的变化。

如果液位上涨停止然后下降,同时尾气含氧稳定,说明初始引发较理想,逐渐提高投氧量。

②当 FIC-110 小调节阀投氧量达到 320m³/h 时,启动 FIC-114 调节阀,在 FIC-114 增大投氧量的同时,减小 FIC-110 小调节阀投氧量,直到关闭。

③FIC-114 投氧量达到 1000m³/h 后,可开启 FIC-113 上部通氧,FIC-113 与 FIC-114 的投氧比为 1:2。

原则要求:投氧在 0～400m³/h 之内,投氧要慢。如果吸收状态好,要多次小量增加氧量。400～1000m³/h 之内,如果反应状态好要加大投氧幅度,特别注意尾气的变化,及时加大 N₂ 量。

④T101 塔液位过高时要及时向 T102 塔出料。当投氧到 400m³/h 时,将循环量逐渐加大到 850000kg/h;当投氧到 1000m³/h 时,将循环量加大到 1000m³/h。循环量要根据投氧量和反应状态的好坏逐渐加大。同时根据投氧量和酸的浓度适当调节醛和催化剂的投料量。

⑤调节方式:将 T101 塔顶保安 N₂ 开到 120m³/h,氧化液循环量 FIC104 调节为 500000～700000kg/h,塔顶 PIC109A/B 控制为正常值 0.2MPa。将氧化液冷却器(E102A/B)中的一台 E102A 改为投用状态,调节阀 TIC104B 备用。关闭 E102A 的冷却水,通入蒸汽给氧化液加热,使氧化液温度稳定在 70～76℃。调节 T101 塔液位为 25±5%,关闭出料调节阀 LIC101,按投氧方式以最小量投氧,同时观察液位、气液相温度及塔顶、尾气中含氧量变化情况。当液位升高至 60% 以上时需向 T102 塔出料降低一下液位。当尾气含氧量上升时要加大 FIC101 氮气量,若继续上升氧含量达到 5%(V)打开 FIC103 旁路氮气,并停止提氧。若液位下降一定量后处于稳定,尾气含氧量下降为正常值后,氮气调回 120m³/h,含氧仍小于 5% 并有回降趋势,液相温度上升快,气相温度上升慢,有稳定趋势,此时小量增加通氧量,同时观察各项指标。若正常,继续适当增加通氧量,直至正常。

待液相温度上升至 84℃时,关闭 E102A 加热蒸汽。

当投氧量达到 1000m³/h 以上时,且反应状态稳定或液相温度达到 90℃时,关闭蒸汽,开始投冷却水。开 TIC104A,注意开水速度应缓慢,注意观察气液相温度的变化趋势,当温度稳定后再提投氧量。投水要根据塔内温度勤调,不可忽大忽小。在投氧量增加的同时,要对氧化液循环量做适当调节。

● 投氧正常后,取 T101 氧化液进行分析,调整各项参数,稳定一段时间后,根据投氧量按比例投醛和催化剂。液位控制为(35±5)%向 T102 出料。

● 在投氧后,来不及反应或吸收不好,液位升高不下降或尾气含氧增高到 5% 时,关小氧气,增大氮气量后,液位继续上升至 80% 或含氧继续上升至 8%,联锁停车,继续加大氮气量,关闭氧气调节阀。取样分析氧化液成分,确认无问题时,再次投氧开车。

9.第二氧化塔投氧

(1)待 T-102 塔见液位后,向塔底冷却器内通蒸汽保持氧化液温度在 80℃,控制液位(35±5)%,并向蒸馏系统出料。同时取 T-102 塔氧化液分析。

(2)T-102 塔顶压力 PIC112 控制在 0.1MPa,塔顶氮气 FIC-105 保持在 90m³/h。由 T102 塔底部进氧口,以最小的通氧量投氧,注意尾气含氧量。在各项指标不超标的情况下,通氧量逐渐加大到正常值。当氧化液温度升高时,表示反应正在进行。停蒸汽开冷却水 TIC-105,TIC-106,TIC-108,TIC-109,使操作逐步稳定。

10. 吸收塔投用

(1)打开 V49,向塔中加工艺水湿塔。

(2)开阀 V50,向 V105 中备工艺水。

(3)开阀 V48,向 V103 中备料(碱液)。

(4)在氧化塔投氧前开 P103A/B 向 T103 中投用工艺水。

(5)投氧后开 P104A/B 向 T103 中投用吸收碱液。

(6)如工艺水中醋酸含量达到 80% 时,开阀 V51 向精馏系统排放工艺水。

11. 氧化塔出料

当氧化液符合要求时,开 LIC102 和阀 V44 向氧化液蒸发器 E201 出料。用 LIC102 控制出料量。

(二)正常停车(氧化系统停车)

(1)将 FIC102 切至手动,关闭 FIC102,停醛。

(2)将 FIC114 逐步将进氧量下调至 1000m³/h。注意观察反应状况,当第一氧化塔 T101 中醛的含量降至 0.1 以下时,立即关闭 FIC114、FICSQ106,关闭 T101、T102 进氧阀。

(3)开启 T101、T102 塔底排,逐步退料到 V-102 罐中,送精馏处理。停 P101 泵,将氧化系统退空。

(三)紧急停车

1. 事故停车

主要是指装置在运行过程中出现的仪表和设备上的故障而引起的被迫停车。采取的措施如下:

(1)首先关掉 FICSQ102、FIC112、FIC301 三个进物料阀,然后关闭进氧进醛线上的塔壁阀。

(2)根据事故的起因控制进氮量的多少,以保证尾气中含氧小于 5%(V)。

(3)逐步关小冷却水直到塔内温度降为 60℃,关闭冷却水 TIC104A/B。

(4)第二氧化塔关冷却水,应由下而上逐个关掉,并保温 60℃。

2. 其他情况的紧急停车

在生产过程中,如遇突发的停电、停仪表风、停循环水、停蒸汽等而不能正常生产时,应做紧急停车处理。

(1)紧急停电

仪表供电可通过蓄电池逆变获得,供电时间 30min;所有机泵不能自动供电。

对于氧化系统,正常来说,紧急停电 P101 泵自动联锁停车。此外还需马上关闭进氧进醛塔壁阀并及时检查尾气含氧及进氧进醛阀门是否自动连锁关闭。

对于精馏系统来说,此时所有机泵停运。除此之外,首先要减小各塔的加热蒸汽量。然后关闭各机泵出口阀,关闭各塔进出物料阀并视情况对物料做具体处理。

对于罐区系统,氧化系统紧急停车后,应首先关闭乙醛球罐底出料阀及时将两球罐保压。成品进料应及时切换至不合格成品罐 V403。

(2)紧急停循环水

停水后立即做紧急停车处理。停循环水时 PI508 压力在 0.25MPa 连锁动作(目前未投用)。FICSQ102、FIC112、FIC301 三电磁阀自动关闭。

氧化系统停车步骤同事故停车。注意氧化塔温度不能超得太高,加大氧化液循环量。

对于精馏系统,应先停各塔加热蒸汽,同时向塔内充氮,保持塔内正压。待各塔温度下降时,停回流泵,关闭各进出物料阀。

(3)紧急停蒸汽

处理方法同事故停车。

(4)紧急停仪表风

此时,所有气动薄膜调节阀将无法正常启动,应做紧急停车处理。

对于氧化系统,应按紧急停车按钮,手动电磁阀关闭 FIC102、FIC103、FIC106 三个进醛进氧阀。然后关闭醛氧线塔壁阀,塔压力及流量等的控制要通过现场手动副线进行调整控制。

其他步骤同事故停车。

对于精馏系统,所有蒸汽流量及塔罐液位的控制要通过现场手动进行操作。

(四)事故处理

事故一: T101 塔进醛流量计严重波动,液位波动,顶压突然上升,尾气含氧增加。

原因:T101 进塔醛球罐中物料用完。

处理:关小氧气阀及冷却水,同时关掉进醛线及时切换球罐补加乙醛直至恢复反应正常。严重时可停车(采用)。

事故二: T102 塔中含醛高,氧气吸收不好,易出现跑氧。

原因:催化剂循环时间过长。催化剂中混入高沸物,催化剂循环时间较长时,含量较低。

处理:补加新催化剂,增加催化剂用量。

事故三: T101 塔顶压力逐渐升高并报警,反应液出料及温度正常。

原因:尾气排放不畅,放空调节阀失控或损坏。

处理:手控调节阀旁路降压,改换 PIC109B 调整。

在保证塔顶含氧量小于 5X10-2 的情况下,减少充 N_2,而后采取其他措施。

事故四: T102 塔顶压力逐渐升高,反应液出料及温度正常,T101 塔出料不畅。

原因:T102 塔尾气排放不畅,T102 塔放空调节阀失控或损坏。

处理:将 T101 塔出料改向 E201 出料。

手控调节阀旁路降压。

在保证塔顶含氧量小于 5X10-2 的情况下,减少充 N_2,而后采取其他措施。

事故五:T101 塔内温度波动大,其他方面都正常。

原因:冷却水阀调节失灵。

处理:手动调节,并通知仪表检查。切换为 TIC104B 调节。

事故六:T101 塔液面波动较大,无法自控。

原因:循环泵引起,球罐或 N_2 压力引起。

处理:开另一台循环泵。

事故七:T101 塔或 T102 塔尾气含 O_2 量超限。

原因:氧醛进料配比失调,催化剂失活。

处理:调节好氧气和乙醛配比,分析催化剂含量并切换使用新催化剂。

 任务实施

1. 问题思考

(1)乙醛氧化制醋酸使用的催化剂是什么? 其反应机理是什么?

(2)反应的副产物有哪些?

(3)氧化工段有几个氧化塔,设备编号是什么?

(4)第一氧化塔冷却器是内置的还是外置的? 为什么采取这种冷却方式? 通过哪个设备进行冷却? 如果第一氧化塔内温度过高应该采取何种操作?

(5)第二氧化塔冷却器是内置的还是外置的? 为什么其冷却器与第一氧化塔不同?

(6)系统开车前应具备什么条件?

(7)第一氧化塔投氧时,该如何操作? 有哪些需要特别注意的地方?

(8)T102 塔中含醛高,氧气吸收不好,应该采取何种应对措施?

2. 主导任务

根据仿真操作,查阅相关资料,完成下面表格:

鼓泡塔反应器部分	
鼓泡塔反应器定义及其应用场合	
鼓泡塔反应器种类及各自的适用场合	
鼓泡塔反应器优点	
鼓泡塔反应器缺点	
乙醛氧化制醋酸氧化工段工艺部分	
主反应方程式	
副反应方程式	
如何避免副反应	
催化剂名称	
主要工艺设备及各自作用	

项目六　有机合成反应放大技术

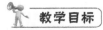

教学目标

专业能力目标

通过本部分内容的学习和工作任务的训练，能利用图书馆、数据库等资源进行文献、资料查阅，理解放大效应产生的原因及消除方法，了解常用的化工过程放大方法，并能根据要求完成放大方案的设计。

知识目标

(1)理解放大效应产生的原因及消除方法；

(2)了解化工过程放大的常用方法；

(3)了解各类放大方法的原理及优缺点；

(4)了解放大方法的典型案例。

方法能力目标

(1)具有信息检索能力；

(2)具有信息加工和数据处理能力；

(3)具有自我学习和自我提高能力；

(4)具有发现问题、分析问题和解决问题的能力；

(5)具有一定的放大方案设计能力。

社会能力目标

(1)具有团队精神和与人合作能力；

(2)具有与人交流沟通能力；

(3)具有较强的表达能力。

工作任务

在查阅文献和前期工作的基础上，能根据要求完成放大方案的设计。

任务一　反应器的放大效应及消除

工作任务

在查阅文献的基础上,理解放大效应及其产生的原因,了解放大效应的消除方法。

任务分析

通过任务实施,完成如下几个工作内容,为后续任务的实施奠定基础:

(1)通过资料查阅,了解什么是放大效应,并查询典型案例。

(2)通过案例分析,理解放大效应产生的原因以及对反应过程的影响。

(3)通过与其他同学交流,对案例进行深入讨论,掌握放大效应的消除方法。

技术理论

放大的根本目的是在工业化装置上实现小试的收率和质量,可实际上往往达不到理想的程度。于是,人们将之归结为"放大效应",那么,这"放大效应"是如何出现的呢? 这就要求人们研究实验室装置与工业化设备的区别。

一、放大效应产生的原因

(一)温度、浓度梯度的不同

宏观上,工业化的温度控制和加料方式与实验室相同,似乎温度效应、浓度效应也应完全一致,其实不然。微观上,受混合状态不同的影响,温度梯度与浓度梯度有差异,特别是在滴液点处,区别往往很大。这样,滴液未得到及时分散,就存在着滴液点处局部过浓,若属扩散控制过程的放热反应,局部过浓又会转化为局部过热。故在宏观状态上,小试与工业化没有区别,而在微观状态上,在局部,两者在温度、浓度上的差异有时很大,这种差异就是放大效应。因为这种差异是出现在局部的、关键点上的,因此若不以关键点的差异作为研究重点的话,任何放大方法,无论理论上如何先进,都不能真正解决放大效应问题关键点上的工业化与小试的差异。如图 6-1 所示。换句话说,工业化放大就是关注并解决关键点上的工业化与小试的差异。

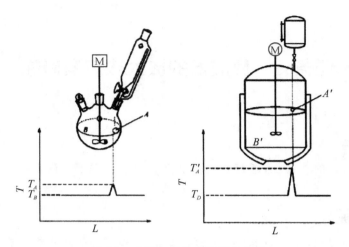

图 6-1　小试与工业化装置的差异

(二)换热比表面积与反应周期不同

对于工业化反应器来说,反应周期一般长于小试装置,究其原因是传热面积不足,因为容积越大,单位容积的表面积越小。传热速度与换热面积成正比。对于放热反应说来,显然移热时间将与小试的放大倍数成反比。再考虑反应前后的预热、冷却因素,反应时间将数倍甚至十几倍地高于小试。

对于有平行副反应的反应来说,这种反应周期的加长对选择性的影响一般并不显著,但对于有联串副反应的选择性的影响往往是显著的。

(三)死区与设备清洗不同

死区指的是不流动的区域和积存物料的区域。死区的存在有弊无利,或影响反应、或造成不希望的返混、或造成相互污染,我们应认识到死区的危害和产生死区的原因并努力消除死区。一些常见的死区如图 6-2 所示。

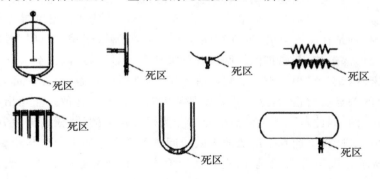

图 6-2　一些常见死区

(四)温度指示的偏差不同

在工业化反应器内,温度计与小实验装置不同。实验室温度计直接插入反应液中显示灵敏且接近反应液真实的瞬时温度;而工业反应器内的反应液需要经过温度计套管再经导热油,最后才加热温度计,如图 6-3 所示。这种长距离的传导过程导致温度计所示温度比实际温度指示滞后和升降幅度减小,如图 6-4 所示。图中实线指示釜内的实际温度,而虚线表示釜内温度计的指示温度。

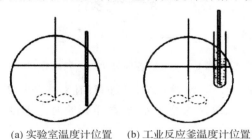

(a) 实验室温度计位置　　(b) 工业反应釜温度计位置

图 6-3　实验室温度计与工业化生产装置温度计

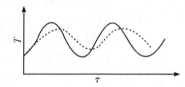

图 6-4　反应器内实际温度与指示温度

二、放大效应的消除

(一)局部过热和局部过浓问题的解决(梯度消除)

因局部的浓度过高而不能满足浓度效应的要求,因局部的反应放热而造成的温度过热而不能满足温度效应的要求,是工业化放大影响收率和质量的最显著因素。因而对于局部的温度梯度、浓度梯度的解决是工艺放大的关键。图 6-5 给出反应器内各部位及与此相关的温度测试点,图中,T_1 表示反应液主体温度,T_2 为釜壁处反应物温度(测试点为虚拟),T_3 为夹套温度(热媒温度),T_4 为滴液点温度(测试点为虚拟),T_5 为滴液温度,T_6 为死区温度。设想一下,假设釜内各处温度均一、浓度均一,则放大效应就不存在了。之所以存在放大效应,最主要的就是由于 T_2 和 T_1 相差很大,或者 T_4 和 T_1 相差很大的缘故。由此可见,两个虚拟测温点正是工业化过程研究的要点和重点。

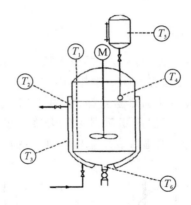

图 6-5　反应器各部位及相关测试点

T_6 为死区温度(浓度也可参考),若死区的存在对主反应的影响不大时可以忽略,若影响较大时,则应采取措施缩小死区,严重影响时应不设釜底放料口。

(二)吸热反应的温度控制

由于是吸热反应,要维持一定的反应温度必须有外加热源,此时外加热源的温度就影响壁温。壁温是由反应物主体温度和夹套内的外加热源温度决定的,因而在反应温度不变的情况下,壁温仅与夹套温度有关了。此时,反应体系内的"过热"往往就在壁温上,而控制过热的唯一手段就是控制夹套的加热介质。

制备阿司匹林酰氯的反应方程式为:

$$\text{COOH} \quad \text{COOCH}_3 \xrightarrow[20\sim50℃]{\text{SOCl}} \text{COCl} \quad \text{COOCH}_3$$

在对阿司匹林酰氯进行工业化放大时,反应温度由 20℃ 逐步升温到 50℃,工业化时的产物质量很差,后续反应收率很低。经过对放大效应的分析,工业化放大时是以蒸汽为加热介质的,壁温处可能存在过热现象。改用 55℃ 以下的热水为加热介质,放大试验结果基本达到了小试的水平。

(三)放热反应的温度控制

对于放热反应,热量来自化学反应。由于真正实现理想混合,即反应釜内处处温度均一、浓度均一是不可能的。因而,事实上化学反应不是在整个反应釜内均匀地发生,往往集中某一个区域,这个区域就在滴液点附近处。毫无疑问,滴液的扩散需要一定的时间,需要一个过程,因而滴液点处浓度较高,由反应放热而温度较高(高于反应釜内其他位置)。换句话说,放热反应的浓度过浓、温度过高,完全集中在滴液点处。工业化放大的成败也完全取决于滴液点处温度梯度、浓度梯度的解决。

解决滴液点的过浓、过热问题有以下六个要素:

（1）良好的搅拌，使物料浓度、温度均匀分布容易理解，滴液点的瞬间快速扩散显然有利，相当于将反应空间增大了。滴液点处单位容积内的化学反应减少了，使反应热也减少了。这毫无疑问是解决过热、过浓的有力办法。

（2）将滴液导流至搅拌直径最大处。在反应釜内不同的位置液体的流速不同，其搅拌直径最大处即是流速最大处，也是混合最佳处。设导流管将滴液引至该处或稍偏外一点，见图 6-6。若不设导流管，滴液顺壁流至釜中，在釜壁处因扩散速度为零，必使局部过热，发生副反应。

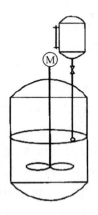

图 6-6　滴液位置的选择

（3）减小液滴，实现好的分布容易理解，在一定扩散速度的流体中，滴入小液滴比滴入大液滴更容易扩散，这也是小试往往好于工业化装置和工业化装置有放大效应的原因。因此往往在工业化装里采用喷雾的方式滴加液体物料往往比小试有更好的收率和质量，这是有理由和可以理解的。

（4）降低滴液温度减小局部过热。滴液点温度与反应主体温度、滴液温度、搅拌和分散状态有关。较低的滴液温度能吸收一部分反应放热而减轻局部过热。这里强调指出，滴液的温度不高于反应温度，对于避免放热反应的局部过热是非常重要的举措。

（5）反应温度实行低限控制。对于一个具体的化学反应来说，一般有一个最佳温度控制范围（$T_1 \sim T_2$，$T_1 < T_2$）。所谓实行低限控制，就是尽可能将反应温度控制在温度低限 T_1。

（6）增加滴液中的溶剂量，增加热容，减小局部温升。

4-羟基香豆素合成反应式如下：

该反应是将乙酰水杨酰氯的甲苯液于0℃下滴入乙酰乙酸乙酯钠盐的水溶液中,但因乙酰乙酸乙酯钠盐的水溶性很小。在0℃下物料非常粘稠,当滴液滴入反应液表面时,分散很差(远不如小试),故收率较低。这是因为搅拌不好,物料分布不开,造成局部过浓、过热所致。收率达不到小试的水平。乙酰水杨酰氯的甲苯液改成喷雾加料,改善了混合状况,收率达到了小试水平。

🔧 任务实施

1. 问题思考

(1)什么是放大效应? 放大效应的产生原因是什么?

(2)放大效应消除的方法有哪些?

2. 主导任务

氨基取代烷氧基的反应,反应式为:

$$ROR' + NH_3 \longrightarrow RNH_2 \longrightarrow S$$
$$(A) \qquad (B) \qquad (P)$$

该反应是醚在0℃下向氨水中滴加,放热,且温度对反应的选择性影响极大,小试(1L装置)收率达50%,而放大10倍后(10L装置)收率只有20%,有大量聚合物产生。对产生此放大效应的原因进行分析,并提出解决方案。

分析:放大效应使得反应收率低,极有可能是滴液点处温度过高所致。

放大效应的消除措施:在放大装置上安装了醚液的喷雾装置,改善醚液的分散状况,消除由于分布不均匀导致的局部浓度过高和温度过热。

效果:在放大装置下的收率稳定地达到了小试水平。

任务二　化工过程放大技术

🧑 工作任务

在查阅文献的基础上,了解化工过程工业放大的方法,理解放大过程的目的及主要内容。

🐾 任务分析

通过任务实施,完成如下几个工作内容:

(1)通过资料查阅,了解化工过程常用的放大方法及其优缺点;

(2)通过对案例的分析,掌握放大过程的目的及主要内容;

(3)通过与其他同学交流,理解放大过程案例的原理及解决问题的方法。

技术理论

放大的根本目的是在工业化装置上实现小试的收率和质量,可实际上往往达不到理想的程度。于是,人们将之归结为"放大效应",那么,这"放大效应"是如何出现的呢? 这就要求人们研究实验室装置与工业化设备的区别。

一、化工放大方法

(一)逐级经验放大法

经验放大即从实验室到工业规模,必须进行中间试验,根据试验发现的问题与解决的经验进行放大,如果最终生产规模很大,有必要进行多级的中间试验,逐渐增大中间试验规模,即逐级经验放大,以确保生产技术的可靠性。

在长期的工程实践中,人们总结得到依据相似理论进行放大,即要使试验数据能适用于实际操作过程,就应使大小两个系统具有相似的条件。这些相似条件为几何相似、运动相似、动力相似和传热相似。

根据试验结果,研究在相似条件中起主导决定作用的条件,设法在下一级中间试验中进行解决,并通过试验进行检验和修正。例如,对于热效应明显的反应过程,根据反应热和放大倍数计算得到所需的传热面积,如传热面积不能满足反应器热平衡的需要,对于较大规模的试验装置反应器设计应考虑强化传热,或内置盘管增大传热面积,或改变传热介质增大传热推动力,或在传热面上设置折流板增大传热系数。

经验逐级放大法是传统的化工技术放大方法,迄今仍广为使用。它的优点是适用范围广,几乎适用于所有化工过程的开发,特别适用于复杂的反应过程;缺点是实验工作最大,缺少科学性,耗资多,开发周期长,一次放大倍数不能太大。

(二)数学模拟放大法

对化工过程建立数学模型——数学表达式,通常是基于物料平衡或能量平衡建立的方程,通过方程的求解或数值计算,以预测过程的结果,这是除经验放大法之外另一种有代表性的化工过程开发方法。根据过程的机理(反应、传递)建立的模型称为机理模型,根据过程各有关参数和变量归纳得到的数学表达式称为经验模型。不管哪一种模型单独应用效果都有限,因为反应过程是很难用数学表达式来表达的,诸如反应器的几何形状、不断变化着的物性性质、多变的物理和化学的过程等都难以用数学手段描述。具有实际应用价值的做法是,利用实验室里获得的结果及前人积累的对过程物理——化学规律的了解,建立一个描述过程的初级模型,然后通过与各种实验核对,不断修改数学模型,尽可能把对这一过程的正确认识都反映到数学模型中去,这样得到的数学模型就成为工程放大设计的基础。如果数学模型建立得好,就可以大大减少实验工作最,提高放大倍数。因此,模拟放大必须与试验结合起来,但这种试验不同于经验放大法完整意义上的中试,因试验只是为了检验数学模型,试验规模不必太大,而且只建立部分试验装置即可。

模拟放大法在石油化工领域应用较多,因为该领域所涉及的物质的理化性质数据较为完整,国外已有多家科研机构开发出流程模拟软件,可以对包含反应过程和各种单元操作过程在内的全流程进行模拟研究。国内青岛科技大学也开发了类似的模拟软件。这些模拟软件几乎都是针对连续生产过程开发的,不适用于间歇操作过程,因为间歇操作过程系统各点工艺参数均随时间而变,过程更为复杂,更难以用数学表达式描述。

数学模拟放大法适合于人们对过程的认识相当透彻、参数的测定相当可靠的场合。优点是对过程规律了解透彻,一次放大倍数可以很大,而且放大结果较为可靠,一般用于大规模工业生产的石化等产品的开发;缺点是对物质的理化性质要求完整,模拟结果依赖于对过程建立的数学模型的准确性,不适用于间歇操作、小批量、多品种的精细化工等中小规模生产的化学品的开发。

(三)量纲分析放大法

结合逐级经验放大法和数学模拟放大法,充分利用量纲分析理论,并根据科学的方法论组织实验,据此进行放大。该法是以"实验方法论"为基础的放大,因为是用"量纲分析"理论解决化工放大的技术问题,故称为"量纲分析"放大法。

量纲分析不同于数学模拟,数学模拟是用数学模型——方程描述过程;量纲分析是用一组无因次准数(Re,Nu,Sc,Ar 数等)描述过程,并勾画出该过程在模型和其原型之间行为"相似"的条件,它是放大方法的基础。量纲分析的基本原理是描述某种物理或者化学现象的各变量之间的数学表达式必须是量纲一致的,即该数学表达式中的各项必定有相同的量纲。

量纲分析所需参数数量较少,过程物理量之间的物理关系可减少到少数几个互相独立的准数,使实验研究工作最减少。根据模型理论,如果两者几何相似,描述过程的所有无因次准数相同,则两个过程可认为是相似的,故量纲分析法放大结果是可靠的。

量纲分析非常适合于描述问题的所有物理参数均已知的过程。模型设备中的结果要能放大到工程设备中去,就要求这两个过程在几何、物性和工艺操作上完全相似,在大多数情况下,几何相似和工艺操作相似一般是能达到的,而物性相似一般不容易达到,因为化工过程涉及化学反应,而反应的程度受多种因素制约,难免影响物性的相似性。

二、化工过程放大的内容及条件

(一)化工过程放大的内容

1.生产工艺路线的复审

一般情况下,单元反应的方法和生产工艺路线应在实验室阶段就基本确定。

在中试放大阶段,只是确定具体工艺操作和条件以适应工业化生产。但是当选定的工艺路线和工艺过程,在中试放大试暴露出难以克服的重大问题时,就需要复审实验室工艺路线,修正其工艺过程。

2.设备材质与型式的选择

开始中试放大时应考虑所需的各种设备的材质和型式,并考查是否合适,尤其应注意接触腐蚀性物料的设备材质的选择。

3.搅拌器型式与搅拌速度的考查

化工产品合成反应中的反应大多时非均相反应,其反应热效应较大。在实验室中由于物料体积较小,搅拌效果好,传热,传质的问题表现步明显,但在中试放大时,由于搅拌效率的影响,传热,传质的问题就突出地暴露出来。因此,中试放大时必须根据物料性质和反应特点注意研究搅拌器的型式,考察搅拌速度对反应规律的影响,特别时在固液非均相反应时,要选择合乎反应要求的搅拌器型式和时宜的搅拌速度。

4.反应条件的进一步研究

实验室阶段获得的最佳反应条件不一定能符合中试放大的要求。应该就其中的主要影响因素,如热反应中的加料速度,反应罐的传热面积与传热系数,以及制冷剂等因素进行深入的试验研究,掌握它们在中试装置中的变化规律,以得到更适合的反应条件。

5.工艺流程与操作方法的确定

在中试放大阶段由于处理物料量的增加,因而有必要考虑反应与后处理的操作方法如何适应工业化生产的要求,特别要注意缩短工序,简化操作。

6.原材料和中间体的质量控制

原材料,中间体的物理性质和化工参数的测定。原材料和中间体质量标准的制定。

(二)化工过程放大的条件

实验进行到什么阶段才进行中试,简单地说,中试是小试工艺和设备的结合问题。所以进行中试至少要具备下列的条件:

(1)小试合成路线已确定,小试工艺已成熟,产品收率稳定且质量可靠。成熟的小试工艺应具备的条件是:合成路线确定;操作步骤明晰;反应条件确定;提纯方法可靠等。

(2)小试的工艺考察已完成。已取得小试工艺多批次稳定翔实的实验数据;进行了 3～5 批小试稳定性试验说明该小试工艺稳定可行。

(3)对成品的精制,结晶,分离和干燥的方法及要求已确定。

(4)建立了质量标准和检测分析方法已成熟确定。包括最终产品,中间体和原材料的检测分析方法。

(5)某些设备,管道材质的耐腐蚀实验已经进行。

(6)进行了物料衡算。

(7)三废问题已有初步的处理方法。

(8)已提出原材料规格和单耗数量。

(9)已提出安全生产的要求。

三、逐级经验放大法的工作步骤

(1)依据小试操作步骤进行物料衡算和中试工艺流程。物料衡算包括原材料消耗和生产成本估算。原料消耗表中应包括回收溶剂的回收估算。工艺流程应是操作步骤和设备结合的综合体现。

(2)依据流程图和中试工艺进行中试工艺装置的安装。其中重要的方面包括:在改装车间是要从安全,通风,采暖,照明,配电等方面加以考虑。依据设备布置来布置操作平台。设备安装和调试。

(3)在设备完备的情况下,依据小试操作步骤和流程来编制中试操作规程。同时配合车间人员的操作培训,进行试车。试车的一般原则是先分步进行,考察每步操作和试车情况,然后在同时进行。

(4)开始正式实验。正式实验过程中要考察的项目主要有:

①验证工艺,稳定收率。

②验证小试所用操作。

③确定产品精制方法。

④验证溶剂回收套用等方案。

⑤验证工业化特殊操作过程。

⑥详细观察各步反应热效应。

⑦确定安全性措施。

⑧制备中间体及成品的批次一般不少于 3~5 批,以便积累数据,完善中试生产资料。

(5)提出工业化生产工艺方案,并确定大生产工艺流程。这是中试的最终目的。工业化生产依据中试提供的数据,可行工艺过程和设备选型,进行工业化设计,安装,试车,正式投入生产。

任务实施

1. 问题思考

(1)常用的化工过程放大方法有哪些? 各有什么优缺点?

(2)化工过程放大的重要性和必要性是什么?

2. 主导任务

卤代芳烃醇解的工业化放大,如下所示:

因烷氧基是供电基团,较高的温度才有利于二取代,因此,该反应是在-10℃下将 B 滴入 A。根据知识积累,确定此过程的放大方案。

分析　基于上述理论分析,首先进行小规模试验,得到较优的小试反应条件为:A 的用量为 50g,A/B＝1/2.8(摩尔比),反应温度为-10℃,采用将 B 滴加入 A 的方式,滴加时间为 1h。

进行放大实验时,首先采用小试的反应条件进行试验,分析实验结果,发现在较大的反应装置下,相同的反应条件,反应的收率达不到小试时的水平。经过分析,可能是因为在较大的反应装置下,搅拌均匀程度达不到小试水平。滴加入反应器的 B 不能迅速分散,导致局部浓度过高,温度过高,反应收率下降。采取了加快搅拌速度(或者将醇钠溶液喷雾滴入)、将常温下的醇钠醇溶液冷却至反应温度后滴入等措施,反应收率达到了小试水平。

参考文献

[1]朱炳辰主编. 化学反应工程(第三版). 北京：化学工业出版社,1986.

[2]陈炳和,许宁主编. 化学反应过程与设备(第二版). 北京：化学工业出版社,2010.

[3]许志美主编. 化学反应器分析. 上海：华东理工大学出版社,2005.

[4]袁乃驹,丁富新编著. 化学反应工程基础. 北京：清华大学出版社,1988.

[5]王正平,陈兴娟. 精细化学反应设备分析与设计. 北京：化学工业出版社,2004.

[6]张成芳编. 气液反应和反应器. 北京：化学工业出版社,1985.

[7]陈荣业编著. 有机合成工艺优化. 北京：化学工业出版社,2005.

[8]Attilio Bisio,Robert L. Kabel. Scale-up of Chemical Process. New York：John Willey and Son,1985.

[9]周建华等. 国内外皮革助剂的现状及应用开发方向. 江苏化工,2001(3).

[10]于遵宏等编著. 化工过程开发. 上海：华东理工大学出版社,1997.

[11]邓斌等. 硫酸氢钠催化合成柠檬酸三丁酯. 商丘师范学院学报,2005(4).

[12]林宣益编著. 乳胶漆. 北京：化学工业出版社,2004.

[13]邱奕冰编著. 试验设计与数据处理. 合肥：中国科学技术大学出版社,2008.